前言

U0044912

前言 Preface

❧ 放輕鬆！多讀會考的！ ❧

（一）瓶頸要打開：

肚子大瓶頸小，水一樣出不來！考試臨場像大肚小瓶頸的水瓶一樣，一肚子學問，一緊張就像細小瓶頸，水出不來。

（二）緊張是考場答不出的原因之一：

考場怎麼解都解不出，一出考場就通了！很多人去考場一緊張什麼都想不出，一出考場**放輕鬆**了，答案馬上迎刃而解。出了考場才發現答案不難。

人緊張的時候是肌肉緊縮、血管緊縮、心臟壓力大增、血液循環不順、腦部供血不順、腦筋不清一片空白，怎麼可能寫出好的答案？

（三）親自動手做，多參加考試累積經驗：

107 年度題解出版，還是老話一句，不要光看解答，自己**一定要動手親自做**過每一題，東西才是你的。

考試跟人生的每件事一樣，是經驗的累積。每次考試，都是一次進步的過程，經驗累積到一定的程度，你就會上。所以並不是說你不認真不努力，求神拜佛就會上。**多參加考試**，事後檢討修正再進步，你不上也難。考不上也沒損失，至少你進步了！

（四）多讀會考的，考上機會才大：

多讀多做考古題，你就會知道考試重點在哪裡。**九華考題**，**題型系列**的書是你不可或缺最好的參考書。

祝　大家輕鬆、愉快、健康、進步

九華文教　陳主任

前言

◌ 感　謝 ◌

※　本考試相關題解，感謝諸位老師編撰與提供解答。

　　　　李　　麟　老師

　　　　劉 啟 台　老師

　　　　許　　銘　老師

　　　　林　　沖　老師

　　　　陳 昶 旭　老師

　　　　李 奇 謀　老師

※　由於每年考試次數甚多，整理資料的時間有限，題解內容如有疏漏，煩請傳真指證。我們將有專門的服務人員，儘速為您提供優質的諮詢。

※　本題解提供為參考使用，如欲詳知真正的考場答題技巧與專業知識的重點。仍請您接受我們誠摯的邀請，歡迎前來各班親身體驗現場的課程。

目錄
Contents

目錄
Contents

單元 **8** - 司法特考三等檢察事務官

鐵路特考員級

107 年特種考試交通事業鐵路人員考試試題／工程力學概要

一、如圖一所示，樑受二集中載重作用其上。假設基礎提供之支撐反力為一線性分布載重，求 w_1 及 w_2 之值。（25 分）

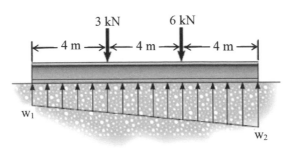

圖一

參考題解

（一）參下圖所示，其中

$$F_1 = 12w_1 \;;\; F_2 = \frac{12(w_2 - w_1)}{2} = 6(w_2 - w_1)$$

（二）由靜平衡方程式可得

$$F_1 = \frac{3 \times 4}{2} = 6 = 12w_1$$

故得 $w_1 = 0.5 kN/m$。另外

$$F_2 = \frac{(6 \times 2) - (3 \times 2)}{2} = 3 = 6(w_2 - w_1)$$

故得 $w_2 = 1\, kN/m$。

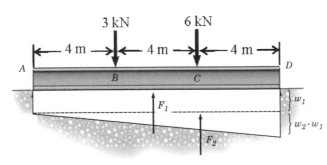

二、如圖二所示，試求桁架中構件 ED、EH、GH 及 EG 所受之力，並說明各構件所受之力為張力（tension）或是壓縮力（compression）。（25 分）

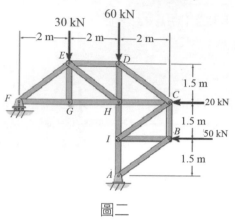

圖二

參考題解

（一）參下圖所示，由整體結構之靜平衡方程式可得

$$R_F = \frac{30(2)+20(3)+50(3/2)}{4} = 48.75kN$$

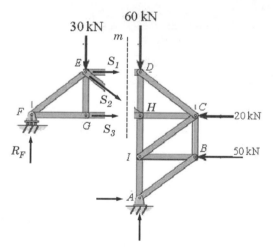

（二）取 m 切面之左半邊分析，得

$$S_{ED} = S_1 = \frac{30(2)-R_F(4)}{3/2} = -90kN（壓力）$$

$$S_{GH} = S_3 = \frac{R_F(2)}{3/2} = 65kN（張力）$$

$$S_{EH} = S_2 = \frac{5}{3}(R_F - 30) = 31.25kN（張力）$$

由 G 點之節點平衡可得

$$S_{EG} = 0$$

三、如圖三所示，此組合梁係以二段梁於 B 點鉸接而成，試求固定端 A 點、滾承支撐 C 點之
　　支撐反力並作梁之剪力圖及彎矩圖。（25 分）

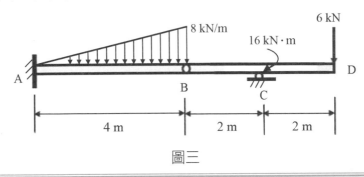

圖三

參考題解

（一）參圖（a）所示，由 BCD 段可得

$$R_C = \frac{6(4)+16}{2} = 20kN(\uparrow) \;；\; B_y = \frac{6(2)+16}{2} = 14kN$$

再由 AB 段可得

$$V_A = \frac{8(4)}{2} - B_y = 2kN(\uparrow) \;；\; M_A = B_y(4) - 16\left(\frac{8}{3}\right) = \frac{40}{3} = 13.33kN \cdot m \,(\circlearrowright)$$

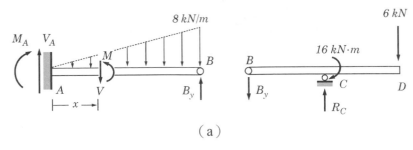

（a）

（二）再由圖（a）所示之 AB 段，可得內力函數為

$$V(x) = 2 - x^2 \;；\; M(x) = \frac{40}{3} + 2x - \frac{x^3}{3}$$

令 $V(x) = 0$，可得 $M(x)$ 之極值 M_{max} 發生在　　$x = \sqrt{2}m$ 處，其值為

$$M_{max} = M(\sqrt{2}) = \frac{40}{3} + 2(\sqrt{2}) - \frac{(\sqrt{2})^3}{3} = 15.22kN \cdot m$$

（三）樑之剪力圖及彎矩圖如圖（b）中所示

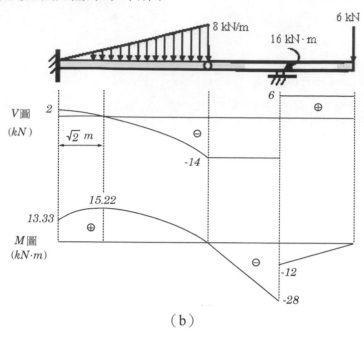

（b）

四、如圖四所示，求此截面積的形心位置 $\bar{y}$ ，並求此面積對 x' 軸的慣性矩。（25 分）

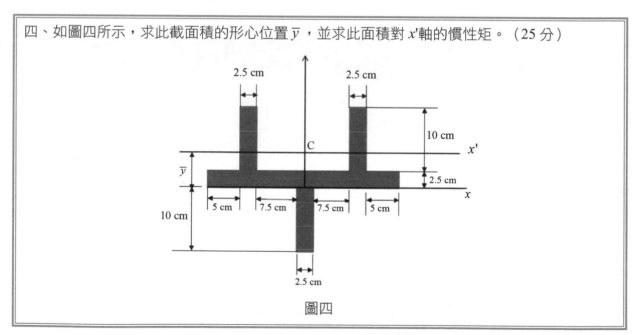

圖四

參考題解

（一）參下圖所示，形心位置 $\bar{y}$ 為

$$\bar{y} = \frac{4a^2(3a)(2) + 13a^2(a/2) - 4a^2(2a)}{3(4a^2) + (13a^2)} = 2.25cm$$

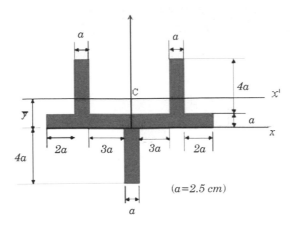

（二）斷面對 x' 軸之面積慣性矩 $I_{x'}$ 為

$$I_{x'} = 2\left[\frac{a(4a)^3}{12} + 4a^2(5.25)^2\right] + \left[\frac{13a(a)^3}{12} + 13a^2(1)^2\right] + \left[\frac{a(4a)^3}{12} + 4a^2(7.25)^2\right]$$

$$= 3440.756cm^4$$

107 年特種考試交通事業鐵路人員考試試題／結構學概要與鋼筋混凝土學概要

※注意：

本試題第三題及第四題必須依照內政部令自中華民國 100 年 7 月 1 日生效之「混凝土結構設計規範」或內政部令自中華民國 106 年 7 月 1 日生效之「混凝土結構設計規範」所規定作答，否則不予計分。

一、求下圖梁之剪力與彎矩圖。b 點為定向節點。（25 分）

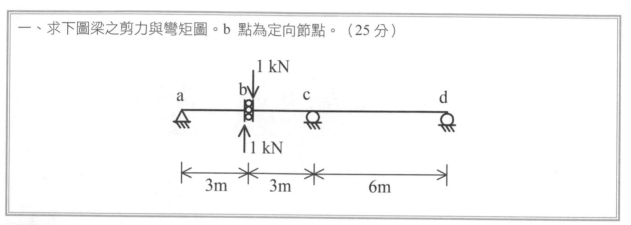

參考題解

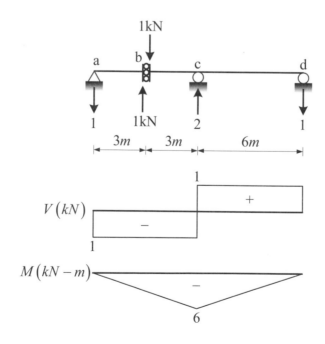

二、不經計算畫出支承反力方向，並說明原因。c 點為鉸節點。（25 分）

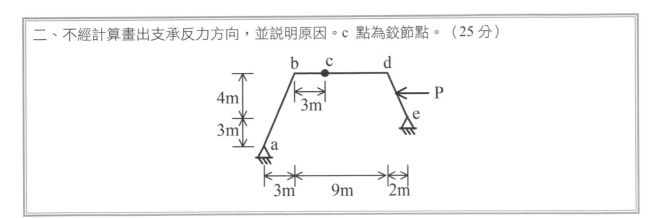

參考題解

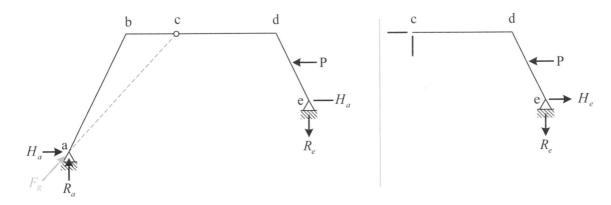

（一）abc 桿為二力桿，故 R_a 與 H_a 所形成的合力 F_R，必定會沿著 ac 連線的方向。

（二）若對整體結構取 $\sum M_e = 0$，P 力會對 e 點產生『逆時針力矩』，故 F_R 必定朝向『右上』，才能對 e 點產生『順時針力矩』來維持整體結構力矩平衡。

（三）F_R 的水平分量即為 H_a，垂直分量即為 R_a；既然 F_R 朝向『右上』，則 H_a 必定向右，而 R_a 必定向上。

（四）由整體結構的垂直力平衡可得知，當 R_a 向上，則 R_e 必定向下（如此才能維持整體結構垂直力平衡）。

（五）切開 c 點，取出 cde 自由體，然後對 c 點取力矩平衡 $\left(\sum M_c = 0\right)$ 可發現，P 力與 R_e 皆對 c 點產生『順時針力矩』，若要滿足『cde 自由體力矩平衡』，則 H_e 必定向右，才能提供『逆時針力矩』來維持力矩平衡。

三、一具橫箍筋之簡支單筋矩形梁長 6m，除承受均佈靜載重（含自重）w_D = 3 tf/m 外，在跨度中央還承受集中活載重 P_L= 14 tf；混凝土抗壓強度 f'_c =210 kgf/cm²、鋼筋降伏強度 f_y = 2800 kgf/cm²、鋼筋彈性模數 E_s=2040000 kgf/cm²、梁寬 b =35 cm、d' = 7 cm 且破壞時梁斷面最外受拉鋼筋之淨拉應變 ε_t = 0.0045，請設計此斷面並配筋以符合規範規定。（25 分）

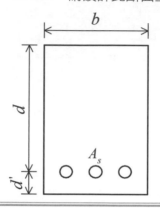

參考題解

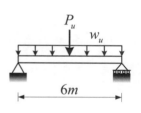
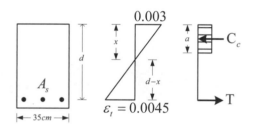

（一）設計彎矩 M_u

1. $w_u = 1.2w_D + 1.6w_L = 1.2(3) = 3.6 \ tf/m$

   $P_u = 1.2P_D + 1.6P_L = 1.6 \times 14 = 22.4 \ tf$

2. 中點處有最大彎矩 $M_{max} = M_u$

   $$M_u = \frac{1}{8}w_u L^2 + \frac{1}{4}P_u L = \frac{1}{8}(3.6) \times 6^2 + \frac{1}{4} \times 22.4 \times 6 = 49.8 \ tf-m$$

（二）計算折減係數 ϕ 與 M_n：壓力控制界線 $\varepsilon_y = \dfrac{f_y}{E_s} = \dfrac{2800}{2040000} = 0.00137$

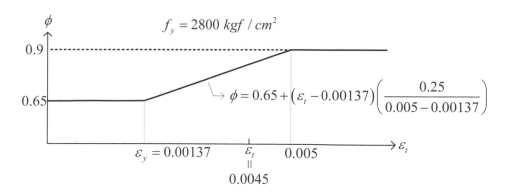

$$\phi = 0.65 + \left(\varepsilon_t - 0.00137\right)\left(\frac{0.25}{0.005 - 0.00137}\right)$$

$$= 0.65 + \left(0.0045 - 0.00137\right)\left(\frac{0.25}{0.005 - 0.00137}\right) = 0.866$$

$$M_n = \frac{M_u}{\phi} = \frac{49.8}{0.866} = 57.51\ tf - m$$

（三）計算中性軸位置 x 與需要的鋼筋量 A_s

1. $\dfrac{x}{d-x} = \dfrac{0.003}{0.0045} \Rightarrow d = 2.5x$

2. $C_c = 0.85 f_c' ba = 0.85(210)(35)(0.85x) = 5310x$

3. $M_n = C_c\left(d - \dfrac{a}{2}\right) \Rightarrow 57.51 \times 10^5 = 5310x\left(2.5x - \dfrac{0.85x}{2}\right)$

   $\Rightarrow 57.51 \times 10^5 = 11018.25x^2 \quad \therefore x = 22.8 cm$

   $\left(d = 2.5x = 2.5 \times 22.8 = 57 cm\right)$

4. $C_c = T \Rightarrow 5310 \times 22.8 = A_s(2800) \quad \therefore A_s = 43.24\ cm^2$

（四）最小鋼筋量 $A_{s,\min}$ 檢核

$$A_{s,\min} = \left[\frac{14}{f_y}b_w d\ ,\ \frac{0.8\sqrt{f_c'}}{f_y}b_w d\right]_{\max} = \left[\frac{14}{2800}(35 \times 57)\ ,\ \frac{0.8\sqrt{210}}{2800}(35 \times 57)\right]_{\max}$$

$$= \left[9.975\ ,\ 8.26\right]_{\max} = 9.975\ cm^2$$

$$A_s = 43.24\ cm^2 > A_{s,\min} = 9.975\ cm^2\ (OK)$$

（五）配筋

1. 假設採用#14 號鋼筋（ $a_s = 14.52 cm^2$ ）

根數：$n = \dfrac{A_s}{a_s} = \dfrac{43.24}{14.52} = 2.978 \Rightarrow$ 取$n = 3$

2. 淨間距檢核（假設箍筋為#3）

$$s_{淨間距} = \frac{35 - 4 \times 2 - 0.953 \times 2 - 4.3 \times 3}{2} = 6.1\ cm > \begin{cases} d_b = 4.3\ cm \\ 2.5\ cm \end{cases} \text{(OK)}$$

四、一般梁除配置有拉力鋼筋外，還會配置壓力鋼筋，此種梁稱為雙筋梁。請說明梁配置壓
力鋼筋之優點。（25 分）

參考題解

混凝土具有不錯的抗壓強度，一般並不需要壓力鋼筋來協助提高斷面的抗壓強度。故一般加入
壓力鋼筋的目的為：

（一）拉高中性軸位置$\Rightarrow$拉力鋼筋應變ε_s變大$\Rightarrow$增加梁的延展性。

> 壓力筋越多，中性軸上移越多$\Rightarrow \varepsilon_s'$變越小，$\varepsilon_s$變越大，斷面韌性會變好。

（二）減少斷面尺寸、或相同斷面尺寸可提供更大彎矩強度。

> 因為規範有最大鋼筋量的限制，故當斷面彎矩強度不足時，我們會採用雙筋梁設計，
> 來拉高中性軸的高度，提升ε_t。

（三）減少潛變，控制長期撓度。

（四）固定箍筋。

（五）耐震設計考量。

107 年特種考試交通事業鐵路人員考試試題／測量學概要

一、在一萬分之一的地形圖上量得一段直線距離為 D，且知該地區的平均地圖投影尺度比為 K。請解釋何謂地圖投影尺度比，並計算該直線距離的地面平距實長。（25 分）

參考題解

地球之形狀為橢球體，也可近似地視為球體，而不論是橢球面或球面，均為不可展開的球面，但地圖之繪製卻是在平面上實施，因此必須將球面上的點位坐標轉算成對應的平面坐標，再予以展繪，此轉算過程稱之為地圖投影。將不可展之球面轉算而投影於平面過程中會產生長度變形（尺度誤差）、角度變形（方位誤差）及面積變形（脹縮誤差）三種變形。地圖投影尺度比是指頭影平面上的長度與球面上的長度之比值，亦即球面上的長度乘上對應的尺度比即為投影平面上的長度。

在一萬分之一的地形圖上量得的直線距離 D 是為投影平面上的長度，該直線距離的地面平距實長是為投影前的地表距離，故設地面平距實長為 L，則

$$L = \frac{D}{K} \times 10000$$

二、已知 A、B 兩點坐標分別為（N_A, E_A）＝（2457300.000, 183500.000）和（N_B, E_B）＝（2457600.000, 183800.000）（單位：公尺）。今測得水平角 β 為 265°（示意圖如圖所示），試求 B 到 C 點的方位角？（25 分）

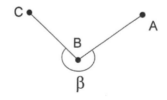

參考題解

B 點到 A 點的方位角 $\phi_{BA} = \tan^{-1} \dfrac{183500.000 - 183800.000}{2457300.000 - 2457600.000} + 180° = 225°$

B 點到 C 點的方位角 $\phi_{BC} = 225° + 265° - 360° = 130°$

三、一條 P 到 Q 的水準線實施往返直接水準測量，得到往測高程差為 12.380 公尺，返測高程差為-12.411 公尺。又已知往測和返測閉合差限制值為 20mm$\sqrt{K}$ （K 為公里數），往測水準線長 4.2 公里，返測水準線長 3.5 公里。試求 P 到 Q 的平均高程差，以及該次往返測成果是否合乎規定，並請解釋您的答案。（25 分）

參考題解

P 到 Q 的平均高程差 $= \dfrac{12.380 - (-12.411)}{2} = 12.3955m \approx 12.396m$

往返測閉合差 $\varepsilon = 12.380 - 12.411 = -0.031m = -31mm$

往測閉合差限制值為 $20mm\sqrt{4.2} = 41mm$

返測閉合差限制值為 $20mm\sqrt{3.5} = 37mm$

因 $|\varepsilon| = 31mm$ 皆小於往測閉合差限制值 $41mm$ 和返測閉合差限制值 $37mm$，故該次往測和返測成果都合乎規定。

四、由面狀水準測得某地的網格點 1～9 高程（如圖及表），其中第 10 網格點和第 11 網格點的高程可分別由第 7,8 網格點和第 6,7 網格點高程平均之。已知網格 A、B、C 面積相等，均為 900 平方公尺，網格 D 的面積為網格 A 面積的 1/4。假設該地的設計高程為 31.80 公尺，依這些數據，試問整地後，需要挖方或填方多少立方公尺（請註明挖方或填方）？（25 分）

網格點	高程	網格點	高程
1	25.82	6	34.58
2	28.29	7	32.66
3	32.16	8	26.90
4	34.43	9	30.22
5	37.85	（高程單位：公尺）	

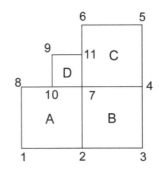

參考題解

第 10 網格點的高程 $= \dfrac{32.66 + 26.90}{2} = 29.78m$

第 11 網格點的高程 $=\dfrac{34.58+32.66}{2}=33.62m$

網格 A、B、C 的土方量計算如下：

$$[h_1]=(25.82-31.80)+(32.16-31.80)+(37.85-31.80)+(34.58-31.80)+(26.90-31.80)$$
$$=-1.69m$$

$$[h_2]=(28.29-31.80)+(34.43-31.80)=-0.88m$$

$$[h_3]=32.66-31.80=0.86m$$

$$V_1=\dfrac{900}{4}(-1.69+2\times(-0.88)+3\times0.86)=-195.75m^3$$

網格 D 的土方量計算如下：

$$V_2=\dfrac{900}{4}\times\dfrac{(32.66-31.80)+(33.62-31.80)+(30.22-31.80)+(29.78-31.80)}{4}=-51.75m^3$$

$$V=V_1+V_2=-195.75-51.75=-247.50m^3$$

整地後需要**填方** 247.50 立方公尺。

107 年特種考試交通事業鐵路人員考試試題／土木施工學概要

> 一、在剛性鋪面工程中，混凝土是主要的施工材料之一；請說明於剛性鋪面施工現場進行澆
> 注預拌混凝土作業時會產生材料泌水（Bleeding）之原因，以及如何防止此種施工缺失之
> 發生？（25 分）

參考題解

（一）泌水原因：泌水為混凝土中水攜帶細粒材料（水泥與粉末等）往上滲流，形成連續流路，
並且於表面形成乳沫層，易造成表層起砂現象與龜裂，降低混凝土水密性、均勻性與構
材間黏結性。亦即為混凝土流變性之「三低現象」－混凝土之初始降伏值、粘滯係數與
復硬性均過低。其成因：

1. 漿體粘性過低。

2. 配比漿體量過高（單位用水量過高）。

3. 骨材級配不佳或粒形不良。

4. 施工時擅自加水。

（二）泌水防止：

1. 適當之材料：

    （1）使用細度較高之水泥。

    （2）摻用輸氣劑或使用輸氣水泥。

    （3）採用級配正確、粒形良好之骨材。

2. 合宜配比：

    （1）降低單位用水量。

    （2）使用減水劑，並採用減水之配比策略。

    （3）避免過高水灰比或水膠比。

    （4）深度大構材，上層採降低混凝土坍度策略。

3. 施工補救作業：泌水結束初凝前，以二次振動搗實與粉平處理。

二、在都市中，因受基地面積之限制，故常會採取逆築工法來施工；而逆築工法在將地下部分之開挖土石方運出地面時，皮帶式輸送機（Belt Conveyor）是經常會被選用的一種土方運輸設備；請說明此種皮帶式輸送機之主要組成構件計有那些？並說明各構件之機能分別為何？（25 分）

參考題解

（一）主要組成構件：皮帶式輸送機主要組成構件，包括：

1. 機架（Frame）：長度較長者多使用角鐵組構桁架，較短者多使用槽鐵。

2. 皮帶（Belt）：以有效寬度與帶槽角度（20～45 度，以 20 度最常用）為規格。

3. 頭輪（Head pulley）：需有足夠的直徑及與皮帶接觸的面積。

4. 壓緊輪（Snub pulley）：安裝在頭輪後下方。

5. 尾輪（Tail pulley）：屬惰性輪，且附拉緊器（Take-up）（以右拉緊器居多）。

6. 托運輪（承托輪）（Carrier rollers）：佈設於皮帶下方，輪外層通常不包膠。

7. 緩衝輪（Impact rollers）：規格同托運輪，輪外層包膠，裝設於受料位置（3～4 組）。

8. 迴送輪（Return rollers）。

9. 反逆裝置。

10. 重力滾輪。

11. 護罩。

12. 其他：

　　（1）側輪（Guide roller）。

　　（2）自動對心導輪（Automatic self-aligning roller）：通常與側輪同時使用。

　　（3）刮刷器。

　　（4）受料槽。

（二）各構件機能：

1. 機架（Frame）：輸送機之支撐架，具足夠的強度與正確傾斜角，保持輸送機不因受外力扭曲變形，使皮帶能平順的運轉。

2. 皮帶（Belt）：連續傳送方式搬運物料（土石方），並防止搬運物料在運搬中掉落。

3. 頭輪（Head pulley）：帶動皮帶前進。

4. 壓緊輪（Snub pulley）：增加皮帶與頭輪的接觸角度（＞180°）。

5. 尾輪（Tail pulley）：調整及維持皮帶適當的張力並使皮帶直線運轉。

6. 托運輪（承托輪）（Carrier rollers）：托送捲送皮帶，並承載物料（土石方）重量及保持皮帶在一定軌道上運動。

7. 緩衝輪（Impact rollers）：托送捲送皮帶，並減少物料（土石方）衝擊力。

8. 迴送輪（Return rollers）：承托迴送皮帶。

9. 反逆裝置：重載時之安全設施，通常於輸送機提升負載超過輸送機水平負載與空負載所需馬力之一半時，必需安裝。

10. 重力滾輪：提高機組位置穩定性。

11. 護罩：避免施工人員與異物捲入，產生工安事故。

12. 其他：

（1）側輪（Guide roller）：風力較大場合，提高機組穩定，使能平順運轉。

（2）自動對心導輪（Automatic self-aligning roller）：風力較大場合，提高機組穩定，使能平順運轉。

（3）刮刷器：避免物料（土石方）堆疊尺度差異過大，視需要安裝。

（4）受料槽：配合工址作業動線需求，視需要安裝。

三、隨著對於混凝土材料專業認知的進步，各種特殊混凝土材料以及施工技術已被陸續應用在不同的工程專案之中；請說明國內目前已有使用的特殊混凝土材料計有那些？並說明其專業的材料意涵。（25 分）

參考題解

（一）高強度混凝土（HSC；High Strength Concrete）：

指混凝土 28 天抗壓強度大於或等於 6000psi（420kgf/cm^2），係採用較高水泥量、低水灰比之配比。

最常用於高強度需求之預鑄混凝土場合。

（二）流動化混凝土（FC；Flow Concrete）：

指坍度大於或等於 18cm（7in）之混凝土，材料中採用高性能減水劑（強塑劑）增加其工作性（流動性）。

常用於高流動性需求混凝土之場合。

（三）自充填混凝土（SCC；Self Compacting Concrete）：

指澆置過程不需加以振動搗實，可藉由本身之充填能力而填滿鋼筋間隙與模板角偶之混

凝土（免搗實可自行填滿模板之混凝土），材料組成中除使用高性能減水劑（強塑劑）外，另摻用大量惰性與半惰性礦物摻料與採高細骨材率配比，增加其工作性（充填性）。

常用於需高充填性免搗實需求之場合。

（四）高性能混凝土（HPC；High Perfomance Concrete）：

係滿足特殊性能及均質性要求之混凝土（常用 28 天抗壓強度大於或等於 6000psi，坍度等於 25±2 cm，坍流度等於 60±10 cm）。材料組成中礦物摻料僅使用水淬高爐石粉與卜作嵐材料，不使用惰性與半惰性礦物摻料，並採適當水灰比（≧0.42）與低水膠比，固態材料間最緊密比例之緻密配比，同時使用高性能減水劑（強塑劑），增加其工作性，降低水泥用量。

常用於需高工作性、高強度與高水密性需求之場鑄混凝土。

（五）可控制低強度材料（CLSM；Controlled Low Strength Materials）：

指 28 天抗壓強度低於 1200psi（84kgf/cm^2）（國內工程界採 80kgf/cm^2）可自行充填之高流動性回填材料。配比採超低水泥量，超高水灰比、水膠比與細骨材率，並視需要使用早強劑，另依設計可摻用灰渣廢棄物或使用現地土壤為填充材。

係用於工址需快速回復之管溝回填材料。

（六）巨積混凝土（MC；Mass Concrete）：

係指場鑄大體積混凝土需考量水化熱所產生溫度或體積變化，避免產生裂縫者。採用較低水泥量，較高卜作嵐材料之配比，減少水化熱，配合冰水（低溫水）拌合，降低混凝土溫度與溫差。

常用於易有溫度高之大體積混凝土或過大溫差之混凝土構材。

（七）滾壓混凝土（RCC；RoII-compacted Concrete）：

係指以振動滾壓機或平鈑式夯壓機搗實之無坍度混凝土。採用較低漿量，低細骨材率與超低工作性（無坍度）之配比，避免泌水產生。

多用於以滾壓或夯壓搗實施工之場合（例如滾壓混凝土壩、剛性鋪面等）。

（八）空隙混凝土（VC；Void Concrete）：

係無或微量細骨材、低漿量之高空隙率混凝土。

用於高透水需求之場合（例如透水鋪面）。

（九）聚合物混凝土（PC；Polymer Concrete）：

混凝土中加入高分子材料（以乳劑居多）改良其性能者。高分子材料視其混凝土性能需求而異（以防水最常見）。

（十）預壘混凝土（PAC；Preplace-aggregate Concrete）：

將骨材預先排置在模板內，再以水泥砂漿灌入其骨材空隙內之混凝上。水泥砂漿通常採高漿量與高坍度配比，以克服無法外力搗實之場合（例如水中混凝土，場鑄樁等）。

（十）水中混凝土：

指在水域或穩定液環境中澆置之混凝土。混凝土係採提高漿量與降低水膠比（或水灰比），以克服水域或穩定液環境中，因無法外力搗實與接觸水部分之混凝土有劣化疑慮。

（十二）輕質骨材混凝土：

全部或部份以輕質骨材為填充材之混凝土，其乾燥單位重 $\leq 1,840\text{kg/m}^3$（115pcf）。

用於需降低混凝土單位重之構材或隔熱需求場合。

（十三）再生混凝土（Recycled Concrete）：

以全部再生粗粒料，或部分再生粗粒料與部分一般粗粒料之混合料，再與一般細粒料、水泥、水及摻料等材料所拌製而成之混凝土。主要著眼於環保、生態與永續發展，因受限於再生粒料優化成本，多用於次要結構用混凝土。

（十四）綠混凝土（Green Concrete）：

為自材料、生產、製造、施工、使用、維修、拆除至處置混凝土結構物生命週期之各個階段，能達到節能減碳、降低環境衝擊、實現永續發展之混凝土。

材料依再生綠建材要求，需使用一定比率再生資源材料，包括工業廢棄物（如飛灰、爐石或矽灰等卜作嵐摻料等）或營建拆除廢棄物（如玻璃、橡膠粉、磚塊或廢混凝土等），以做為膠結材料、再生細粒料或再生粗粒料。

四、營建工程經常需要進行地下深開挖作業，而為了確保深開挖作業的安全性，則必須規劃執行完善的施工觀測系統；請說明一套完整妥善的深開挖施工觀測系統應包含之項目內涵。（25 分）

參考題解

完整妥善的深開挖施工觀測系統應包含項目：

（一）基礎土層穩定性：

檢核工址土壤變位（主要為側向變位），避免超過土層破壞容許值。觀測儀器為傾度觀測儀（傾度管）。

（二）開挖底部隆起：

觀測開挖底面土壤隆起之程度，避免中間柱拔起，使支撐挫屈，導致擋土設施失敗。觀測儀器為隆起桿。

（三）擋土結構變形：

檢核擋土結構變形程度在設計容許限度內。觀測儀器為傾度觀測儀（傾度管）。

（四）擋土壁鋼筋應力：

檢核擋土壁中主筋之應力及壁體在該位置所受之彎矩是否安全。

觀測儀器為鋼筋計。

（五）支撐系統應力與應變：

檢核支撐之應力及偏心程度（採水平支撐式）是否合乎設計之要求。觀測儀器為應變計（常用振動式）。

（六）地錨系統荷重：

檢核地錨之拉拔力與變形量（採地錨式）是否合乎設計之要求。觀測儀器為荷重元。

（七）擋土結構側壓力：

觀測擋土結構側向壓力（土壓力與水壓力）之變化，是否為安全範圍。觀測儀器為土壓計與水壓計。

（八）地下水位：

觀測工址地下水位變化。觀測儀器為水位觀測井。

（九）地下水壓：

檢核工址地下水壓。觀測儀器為水壓式水壓計。

（十）沉陷觀測：

觀測可能因擋土結構側位移或抽取地下水造成基地四周地表沉陷，作為鄰近結構物或設施之沉陷指標。觀測儀器：1.周圍土層與道路為觀測釘、水準儀；2.結構物為沉陷計（常用連續式）或觀測釘、水準儀。

（十一）結構物傾斜：

檢核基地周圍結構物傾斜量，避免過量傾斜導致損鄰事故。觀測儀器為傾斜儀。

註：觀測計畫內容應包括監測項目、監測儀器、儀器數量、製造廠商與監測頻率等。

單元 **2**

公務人員高考三級

107 年公務人員高等考試三級考試試題／工程力學（包括材料力學）

一、圖一為重量 15 kg 之均勻桿件 AB，由水平力 P 維持在地面 B 點及垂直牆面 A 點上，不發生滑動，已知桿件與地面靜摩擦係數 μ_B 為 0.25，與牆面靜摩擦係數 μ_A 為 0.20，重力加速度 g = 9.81 N/kg = 9.81 m/s^2，試回答下列問題：

（一）P 力最小值 P_{min} 應為何？（15 分）

（二）P 力最大值 P_{max} 應為何？（10 分）

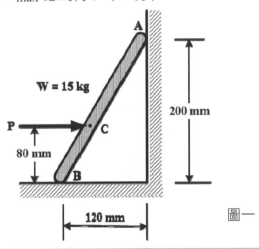

圖一

參考題解

（一）當 $P = P_{min}$ 時，如圖（a）所示可得

$$\Sigma M_B = 200R_A + 120\mu_A R_A - 60W - 80P = 0 \qquad ①$$

$$\Sigma M_A = -120R_B + 200\mu_B R_B + 60W + 120P = 0 \qquad ②$$

$$\Sigma M_O = 200R_A - 120R_B + 60W - 80P = 0 \qquad ③$$

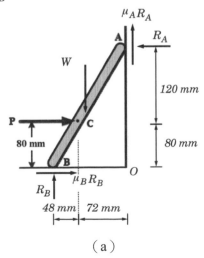

（a）

（二）由①式及②式得

$$R_A = \frac{60W + 80P}{200 + 120\mu_A} \; ; \; R_B = \frac{60W + 120P}{120 - 200\mu_B} \qquad ④$$

將④式代入③式得

$$-214.284P + 10.716W = 0$$

解得

$$P = P_{\min} = \frac{10.716}{214.284}W = 0.05W = 0.75kg \quad（kg：公斤力）$$

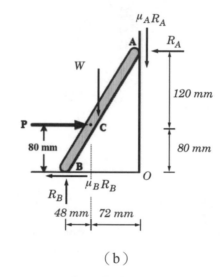

（b）

（三）當 $P = P_{\max}$ 時，如圖（b）所示，④式應改寫為

$$R_A = \frac{60W + 80P}{200 - 120\mu_A} \; ; \; R_B = \frac{60W + 120P}{120 + 200\mu_B} \qquad ⑤$$

將⑤式代入③式得

$$-73.796\,P + 85.830\,W = 0$$

解得

$$P = P_{\max} = \frac{85.830}{73.796}W = 1.163\,W = 17.45\,kg \quad（kg：公斤力）$$

二、圖二為圓形均勻斷面（直徑 300 mm）梁 ABCD，長為 5000 mm，兩端 A 及 D 點固定，在 B 點及 C 點分別承受 3P 及 P 集中載重，梁彈性模數 $E_0 = 200$ GPa，抗拉及抗壓降伏強度均為 $\sigma_y = 180$ MPa，假設不計此梁自重，試回答下列問題：

（一）在此梁尚未發生任何降伏前，P 力之最大載重 P_{max} 為何？（15分）

（二）在 $P = P_{max}$ 時，B 點位移、C 點位移及梁 BC 段之變形量各為何？（10分）

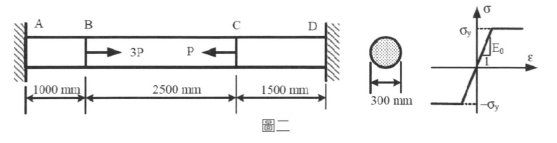

圖二

參考題解

（一）如下圖所示取 S_1 為贅餘力，可得各段桿件之內力為

$$S_{AB} = S_1 \;;\; S_{BC} = S_1 - 3P \;;\; S_{CD} = S_1 - 3P + P = S_1 - 2P \qquad ①$$

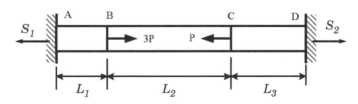

（二）桿件總長度變化量應為零，故得

$$\delta = \frac{S_{AB}L_1}{AE_0} + \frac{S_{BC}L_2}{AE_0} + \frac{S_{CD}L_3}{AE_0} = 0$$

其中 $AE_0 = \pi(0.3)^2 \left(200 \times 10^9\right) \big/ 4 = 1.414 \times 10^{10} N$。將①式代入上式可得

$$S_1 = \frac{3L_2 + 2L_3}{L_1 + L_2 + L_3}P = 2.1P$$

故各段桿件之內力為

$$S_{AB} = 2.1P \text{（拉力）}; \; S_{BC} = -0.9P \text{（壓力）}; \; S_{CD} = 0.1P \text{（拉力）}$$

（三）令 S_{AB} 等於降伏內力可得 P_{max}，即

$$S_{AB} = 2.1P_{max} = \frac{\pi d^2}{4}\sigma_y$$

解得 $P_{max} = 6.059 \times 10^6 N$。

（四）各段桿件之長度變化量為

$$\delta_{AB} = \frac{2.1 P_{max} L_1}{A E_0} = 9 \times 10^{-4} m \text{ （伸長）}$$

$$\delta_{BC} = \frac{-0.9 P_{max} L_2}{A E_0} = -9.643 \times 10^{-4} m \text{ （縮短）}$$

$$\delta_{CD} = \frac{0.1 P_{max} L_3}{A E_0} = 6.429 \times 10^{-5} m \text{ （伸長）}$$

故 B 點及 C 點位移各為

$$\Delta_B = 9 \times 10^{-4} m (\rightarrow) \; ; \; \Delta_C = 6.429 \times 10^{-5} m (\leftarrow)$$

三、圖三為桿件 AB、AC 及 AD 鉸接（hinged）在 A、B、C 及 D 四點，在 A 點承受一垂直載重 P = 5 kN，已知各桿件之截面積 A_0 均為 100 mm²，彈性模數 E 均為 80 GPa，假設各桿件重量可忽略不計，試回答下列問題：

（一）桿件 AB、AC 及 AD 所承受力量各為何？（15 分）

（二）A 點之垂直及水平位移各為何？（10 分）

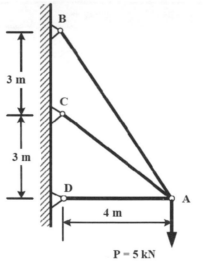

圖三

參考題解

（一）如圖（a）所示取 S_1 為贅餘力，可得

$$S_2 = \frac{5}{3}\left(P - \frac{3}{\sqrt{13}} S_1 \right) \; ; \; S_3 = \frac{2}{\sqrt{13}} S_1 - \frac{4}{3} P + Q \qquad \qquad ①$$

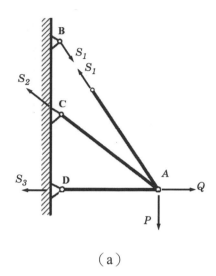

（a）

（二）考慮如圖（b）所示之基元結構，各桿件之內力為

$$n_1 = 1 \; ; \; n_2 = -\frac{5}{\sqrt{13}} \; ; \; n_3 = \frac{2}{\sqrt{13}}$$

依單位力法可得

$$0 = \frac{1}{A_0 E}\left[n_1 S_1 L_1 + n_2 S_2 L_2 + n_3 S_3 L_3 \right]$$

其中 $L_1 = \sqrt{52}m$ ， $L_2 = 5m$ ， $L_3 = 4m$ 。將①式代入上式，可解得

$$S_1 = 4.019\,kN \quad （拉力）$$

再由①式得

$$S_2 = 2.760\,kN \text{（拉力）}; \; S_3 = -4.437\,kN \text{（壓力）}$$

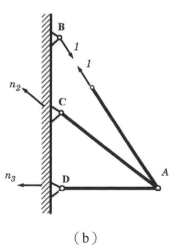

（b）

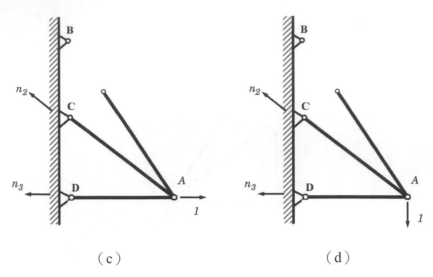

（三）考慮如圖（c）所示之基元結構，各桿件之內力為

$$n_1 = 0 \; ; \; n_2 = 0 \; ; \; n_3 = 1$$

依單位力法可得 A 點水平位移 Δ_h 為

$$\Delta_h = \frac{1}{A_0 E}\big[(1)(-4.437)(4)\big] = -2.219 \times 10^{-3} m\,(\leftarrow)$$

（四）考慮如圖（d）所示之基元結構，各桿件之內力為

$$n_1 = 0 \; ; \; n_2 = \frac{5}{3} \; ; \; n_3 = -\frac{4}{3}$$

依單位力法可得 A 點垂直位移 Δ_v 為

$$\Delta_v = \frac{1}{A_0 E}\left[\left(\frac{5}{3}\right)(2.760)(5) - \left(\frac{4}{3}\right)(-4.437)(4)\right] = 5.833 \times 10^{-3} m\,(\downarrow)$$

四、某工程原規劃使用一支直徑 $d = 500 \text{ mm}$ 圓形斷面石材作為大梁，但考量節省空間及節省材料，擬將此圓形斷面石材改成寬為 b 及高為 h 內接圓形之矩形斷面梁，如圖四所示，試回答下列問題：

（一）如須將圓形斷面石材製成能抵抗彎矩之最強矩形斷面梁，則最佳之 b 值與 h 值應各為何？（15 分）

（二）此最強矩形斷面梁撓曲應力為原圓形斷面石材撓曲應力之多少倍？材料可節省多少百分比？（10 分）

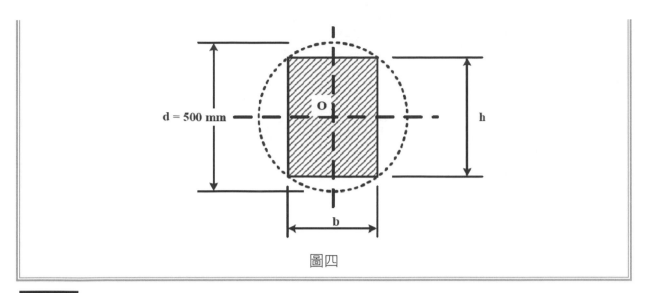

圖四

參考題解

（一）矩形斷面之斷面模數 S 為

$$S = \frac{bh^2}{6} = \frac{b\left(d^2 - b^2\right)}{6}$$

當為 S 極大值時，可得抵抗彎矩之最強矩形斷面。故微分上式並令為零，亦即

$$\frac{dS}{db} = \frac{1}{6}\left(d^2 - 3b^2\right) = 0$$

由上式得最佳 b 值為

$$b = \frac{d}{\sqrt{3}} = 288.675 \, mm$$

又最佳 h 值為

$$h = \sqrt{d^2 - b^2} = \sqrt{\frac{2}{3}}\,d = 408.248 \, mm$$

（二）承受彎矩 M 時，圓形斷面之最大彎曲應力 σ_0 為

$$\sigma_0 = \frac{M(d/2)}{\pi d^4/64} = \frac{32M}{\pi d^3}$$

又，最強矩形斷面之最大彎曲應力 σ 為

$$\sigma = \frac{6M}{bh^2} = \frac{6M}{\left(d/\sqrt{3}\right)\left(2d^2/3\right)} = \frac{9\sqrt{3}M}{d^3}$$

兩應力之比值為

$$\frac{\sigma}{\sigma_0} = \frac{9\sqrt{3}}{32/\pi} = 1.53$$

（三）圓形斷面之面積 A_0 與矩形斷面之面積 A 分別為

$$A_0 = \frac{\pi d^2}{4} = 0.785d^2 \ ; \ A = \left(\frac{d}{\sqrt{3}}\right)\left(\sqrt{\frac{2}{3}}\,d\right) = 0.471d^2$$

故節省材料百分比 s 為

$$s = \frac{A_0 - A}{A_0} = \frac{0.785 - 0.471}{0.785} = 0.4 = 40\%$$

107 年公務人員高等考試三級考試試題／營建管理與工程材料

一、為遴選有履約能力之優質廠商參與國家建設，提升公共工程品質及進度，並解決最低標決標衍生之工程延宕、採購爭議等問題，行政院公共工程委員會鼓勵機關透過最有利標方式辦理採購，故於 105 年發布「機關巨額工程採購採最有利標決標作業要點」。請詳述依據政府採購法之規定，採用最有利標決標時，擇定評選項目及子項之參考原則為何？（25 分）

参考題解

擇定評選項目及子項之參考原則，如下：

（一）依「最有利標作業手冊」：

1. 依最有利標評選辦法第 5 條、機關委託專業服務廠商評選及計費辦法第 5 條、機關委託技術服務廠商評選及計費辦法第 17 條、機關委託資訊服務廠商評選及計費辦法第 7 條及第 8 條、機關辦理設計競賽廠商評選及計費辦法第 7 條規定項目，視個案情形擇適合者訂定之。

2. 公開招標及限制性招標，評選項目及子項之配分或權重，應載明於招標文件。分段投標者，應載明於第 1 階段招標文件。選擇性招標以資格為評選項目之一者，與資格有關部分之配分或權重，應載明於資格審查文件；其他評選項目及子項之配分或權重，應載明於資格審查後之下一階段招標文件。

3. 所擇定之評選項目及子項，應（1）與採購標的有關；（2）與決定最有利標之目的有關；（3）與分辨廠商差異有關；（4）明確、合理及可行；（5）不重複擇定子項。並不得以有利或不利於特定廠商為目的（最有利標評選辦法第 6 條）。

4. 招標文件未訂明固定價格給付，而由廠商於投標文件載明標價者，應規定廠商於投標文件內詳列報價內容，並納入評選（所占比率或權重不得低於 20%）。招標文件已訂明固定價格給付者，仍得規定廠商於投標文件內詳列組成該費用或費率之內容，並納入評選（所占比率或權重得低於 20%）。

5. 採固定價格給付者，宜於評選項目中增設「創意」之項目，以避免得標廠商發生超額利潤。但廠商所提供之「創意」內容，以與採購標的有關者為限。

（二）若為巨額工程採購，另依「巨額工程採購採最有利標決標作業要點」之規定：

招標文件所定評選項目，應依個案特性擇定下列事項：

1. 工程專案組織成員及其學經歷、相關專業證照及過去承辦案件資歷。

2. 近五年內履約績效優劣情形，例如有無發生重大職業災害事件或獲得政府機關頒發有關職業安全衛生、工程品質進度優良獎項、施工查核紀錄、逾期履約或提前完工紀錄、有無減價收受等。

3. 就影響民眾生活之關鍵工程或工項，提出可提升施工安全、交通維持、減少民眾抗爭、縮短工期之措施。

4. 施工計畫及關鍵課題與因應對策，包括施工方法、施工機具、施工團隊組織、施工程序、施工動線、進度管理、界面整合、測試運轉、主要材料及設備選用、依本法第四十三條第一款使用在地建材程度、植栽工項之移植及養護計畫等。

5. 品質管理及安全衛生計畫。

6. 環境保護及節能減碳措施；人文藝術及在地環境相容程度。

7. 廠商財務狀況及目前於各公私機關（構）正履行中之契約執行情形。

8. 價格之合理性、正確性、完整性，並得視個案需要包含全生命週期成本、價值工程方案。

9. 以統包辦理之工程採購，其與設計有關之事項，例如辦理競圖。

10. 簡報及詢答。

前項第八款價格未納為評選項目者，依最有利標評選辦法第十二條第二款、第十三條或第十五條第一項第二款規定辦理。

二、請依據下列資料與數據：

（一）繪製專案的進度網圖（節點圖），計算並說明專案總工期、專案之要徑為何？（15 分）

（二）若專案整體間接成本每天 1 萬元，請計算並繪製專案在所有作業皆以最早開始時間進行下的累積成本曲線為何？（10 分）

作業項目	前置作業（邏輯關係）	工期（天）	直接成本（萬元／天）
A	C（開始-開始）	5	2
B	C（結束-開始）	6	3
C	--	4	2
D	A（開始-開始）	3	4
E	A（結束-開始）、B（結束-開始）	5	1

參考題解

（一）專案進度網圖、總工期與要徑：

1. 專案進度網圖：

   專案進度網圖以節點圖繪製於下：

   假設作業均不可中斷。

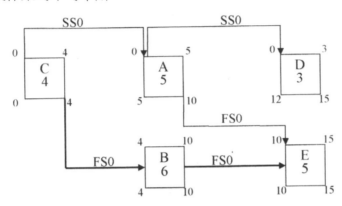

符號：

2. 總工期：15 天

3. 要徑：C → B → E

（二）最早時間之累積成本曲線：

假設成本支付在各期（單位）時間期末發生。

作業各期支付直接成本（萬元）	作業項目	時　　間（天）														
		1	2	3	4	5	6	7	8	9	10	11	12	13	14	15
	A	2	2.	2	2	2										
	B						3	3	3	3	3	3					
	C	2	2	2	2											
	D	4	4	4												
	E											1	1	1	1	1
各期直接成本（萬元）		8	8	8	4	5	3	3	3	3	3	1	1	1	1	1
各期間接成本（萬元）		1	1	1	1	1	1	1	1	1	1	1	1	1	1	1
各期總成本（萬元）		9	9	9	5	6	4	4	4	4	4	2	2	2	2	2
累積成本（萬元）		9	18	27	32	38	42	46	50	54	58	60	62	64	66	68

累積成本曲線圖如下：

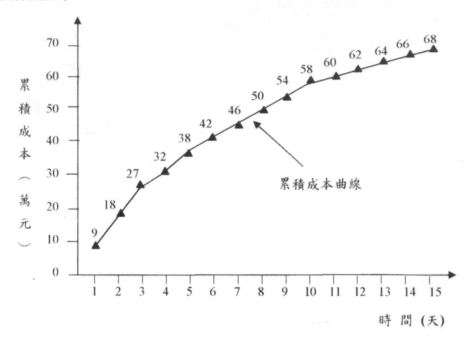

三、工程施工時材料送審是施工廠商、監造單位與業主皆關心的重要議題，因此材料樣品的
　　提送規定，皆在施工規範中清楚律定。若你是制定施工規範者，請詳述對於施工樣品的
　　提送，規範中要求廠商提送資料應包含的資料為何？（25 分）

参考題解

依「施工綱要規範第 01330 章（v 6.0 版）」之規定：

（一）承包商應依標準規範及特訂條款各章所規定之尺度及數量提送樣品，清楚顯示產品及材
　　　料之完整顏色範圍與功能特性，並清楚顯示出其附屬裝置。

（二）承包商應依標準規範各章之規定，安裝現場樣品及實體模型。提送之樣品應包含下列資
　　　料：

　　1. 樣品之編號、名稱及送審日期。

　　2. 材料供應商、製造商或分包商之名稱及地址。

　　3. 適用之契約設計圖說圖號及頁次。

　　4. 適用之規範章節號碼。

　　5. 適用之標準，如 CNS 或 ASTM 等。

四、「鋼筋」是多數營建工程會使用的重要大宗材料，請詳述國內施工查核時，鋼筋常見的
　　缺失為何？（25分）

參考題解

施工查核時，鋼筋常見的缺失如下：

（一）鋼筋表面：銹蝕、油污及附著水泥漿等異物。

（二）鋼筋尺寸、數量及間距：號數錯誤、根數不足與間距過大或過小。

（三）鋼筋排置位置：排置位置與設計不符。

（四）鋼筋彎折點、截切及形狀：彎折點、截切及形狀錯誤。

（五）彎鉤尺寸與形狀：

　　　1. 彎鉤彎曲直徑不符、伸展（錨碇）長度不足。

　　　2. 端部彎折角度不足。

（六）搭接長度或接續品質：搭接長度不足或接續品質缺失。

（七）接續位置：

　　　1. 接續位置不當。

　　　2. 相鄰鋼筋未錯位接續（弱面同一斷面）。

（八）鋼筋穩固程度：鋼筋固定綁紮或焊接間距過大或施作不良。

（九）鋼筋保護層厚度與墊塊排置：

　　　1. 鋼筋保護層厚度超過公差。

　　　2. 墊塊間距過大、材質、尺寸或形式不符規定。

（十）補強筋排置：開口部或雙向版之角偶補強筋未排置或錯誤。

107 年公務人員高等考試三級考試試題／土壤力學（包括基礎工程）

一、繪製土壤顆粒體積為一單位之土壤三相圖（Three phase diagram），詳細標註其各相之體積及重量（5 分），並據以推導下列公式：

（一）推導夯實理論中零空氣孔隙曲線（zero-air-void curve）$\gamma_{zav} = \frac{\gamma_w}{w+1/G_s}$，式中$\gamma_{zav}$ =零空氣孔隙單位重，γ_w =水單位重，w =重量含水量，G_s =土壤顆粒比重。（10 分）

（二）定義土壤體積含水量θ為孔隙水體積(V_w)對總體積(V_T)之比值($\theta = V_w/V_T$)，試推導體積含水量與重量含水量（w）之轉換公式。（10 分）

參考題解

（一）繪製土壤顆粒體積為一單位之土壤三相圖如下：

設空氣重量$W_a = 0$

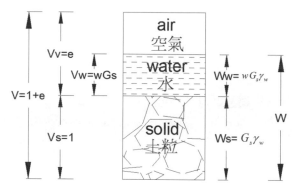

（二）由三相圖可知，$\gamma_d = \frac{W_s}{V} = \frac{G_s\gamma_w}{1+e}$，

因孔隙體積為零，$V_v = V_w$，得$e = wG_s$，代入上式

$\gamma_{zav} = \frac{G_s\gamma_w}{1+wG_s} = \frac{\gamma_w}{w+1/G_s}$，得解。

（三）$\theta = V_w/V_T$，由圖可得 $\theta = \frac{wG_s}{1+e}$

二、一砂土試體進行三軸飽和壓密不排水試驗（SCU test），試體壓密完成之反水壓為$100kP_a$，圍壓為$200kP_a$，達到破壞時之軸差應力為$200kP_a$，Skempton 孔隙水壓參數$\overline{A_f} = 0.2$，依上述條件回答下列問題：

（一）計算總應力與有效應力強度參數(c, ϕ)及(c', ϕ')。（10 分）

（二）依 Lambe（1964）之定義，繪製此試體可能之總應力與有效應力之應力路徑。（10 分）

（三）推論此試體為緊砂或鬆砂狀態，並說明推論之依據。（5 分）

參考題解

（一）SCU 試驗含反水壓之各階段總應力、孔隙水壓力及有效應力

		總應力σ	孔隙水壓力 u_w	有效應力 σ'
加圍壓		$\sigma_v = \sigma_h = 200$	$u_{back} = 100$	$\sigma'_v = \sigma'_h = 100$
加軸差		$\sigma_3 = \sigma_h = 200$	$u_f = 0.2 \times 200 + 100$	$\sigma'_3 = \sigma'_h = 60$
		$\sigma_1 = \sigma_v = 400$	$= 140$	$\sigma'_1 = \sigma'_v = 260$

反水壓$u_{back} = 100kP_a$；飽和$B = 1.0$，$\overline{A_f} = 0.2$，單位kP_a

總應力：$\sigma_1 = \sigma_3 tan^2\left(45 + \frac{\phi_{cu}}{2}\right) + 2c_{cu}tan\left(45 + \frac{\phi_{cu}}{2}\right)$

有效應力：$\sigma'_1 = \sigma'_3 tan^2\left(45 + \frac{\phi'}{2}\right) + 2c'tan\left(45 + \frac{\phi'}{2}\right)$

砂土，$c = 0$，$c' = 0$

$400 = 200tan^2\left(45 + \frac{\phi}{2}\right)$，得$\phi = 19.47°$，

總應力強度參數 $(c, \phi) = (0, 19.47°)$

$260 = 60tan^2\left(45 + \frac{\phi'}{2}\right)$，得$\phi' = 38.68°$，

有效應力強度參數 $(c', \phi') = (0, 38.68°)$

（二）依 Lambe（1964）定義於 $p - q$ 座標系統（$p - q$ diagrams）之應力點（stress point），p為莫爾圓圓心，q莫爾圓半徑，以常見土壤使用狀況以水平向應力 σ_v 及垂直向應力 σ_h 表示：（σ_v 及 σ_h 為主應力）

總應力：$p = \frac{\sigma_v + \sigma_h}{2}$，$q = \frac{\sigma_v - \sigma_h}{2}$；有效應力：$p' = \frac{\sigma'_v + \sigma'_h}{2}$，$q' = \frac{\sigma'_v - \sigma'_h}{2} = q$

破壞包絡線 K_f Line，由有效應力控制，在 $p - q$ 座標上方程式$q' = p'tan\alpha'$

$sin\phi' = tan\alpha'$，得 $\alpha' = 32°$（控制破壞）；$sin\phi = tan\alpha$，得 $\alpha = 18.43°$

繪製可能之應力路徑如圖

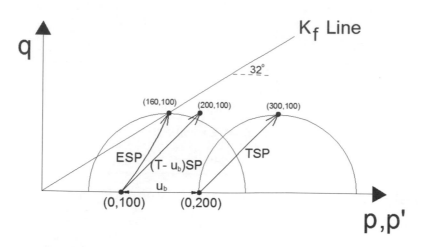

圖上，u_b 為反水壓，TSP 為總應力之應力路徑，ESP 為有效應力之應力路徑，另軸差階段孔隙水壓參數多非為定值，題目僅知初始有效圍壓及破壞時有效應力，中間過程無法確認，故 ESP 以曲線表示。圖上並將總應力莫爾圓及有效應力莫爾圓繪出供參，另 $(T - u_b)SP$ 為扣除反水壓後總應力之應力路徑。

（三）加軸差時為不排水狀態，至破壞時產生正的超額孔隙水壓，依此判斷較可能屬於鬆砂。

三、試以 Terzaghi 淺基礎承載力理論，回答下列問題：

（一）繪出當土壤摩擦角 $\phi = 0$ 時，其條狀基礎破壞面且詳細標註其幾何參數。（10 分）

（二）以 Terzaghi 承載力理論，列出於地表進行圓形平鈑載重試驗（plate load test），所得平鈑極限承載力與實際基礎承載力於黏土及砂土層需如何修正，並說明其原由。（10 分）

（三）考慮土壤摩擦角 $\phi = 0$ 且埋置深度 D 之條狀基礎，計算淨極限承載力（net ultimate bearing capacity）時，如何進行地下水位修正？（5 分）

參考題解

（一）以 Terzaghi 淺基礎承載力理論繪條狀基礎破壞面，設基底為光滑面
土壤摩擦角 $\phi = 0$，並設為飽和黏土採不排水剪力強度參數 $c = c_u$

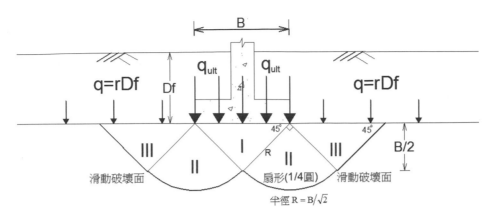

I 區為主動土壓力區，II 區為輻射區，為對數螺旋曲線型式，因 $\phi = 0$，故呈扇形，III 區為被動土壓力區

$$q_{ult} = c_u N_c + \gamma D_f$$

可導出 $N_c = 5.14$，若採用粗糙基底，$N_c = 5.7$，其為 Terzaghi 採用。

（二）依 Terzaghi 承載力理論

圓形基礎承載力 $q_{net} = 1.3cN_c + q(N_q - 1) + 0.3B\gamma N_\gamma$

B_P：平鈑尺寸，B_F：基礎尺寸，$q_{net\,(P)}$：平鈑淨極限承載力

$q_{ult\,(F)}$：基礎極限承載力，$q_{net\,(F)}$：基礎淨極限承載力，另 $q = \gamma D_f$

黏土層：$N_q = 1$，$N_\gamma = 0$

平鈑置於地表上（無覆土），理論平鈑試驗值 $q_{net\,(P)} = 1.3c_u N_c$

尺寸大小及埋置深度不影響黏土層承載力 $q_{net(F)} = q_{net(P)}$

$q_{ult\,(F)} = q_{net\,(F)} + \gamma D_f = q_{net\,(P)} + \gamma D_f$

$q_{net\,(F)} = q_{net\,(P)}$

砂土層：$c = 0$

平鈑置於地表上（無覆土），理論平鈑試驗值 $q_{net\,(P)} = 0.3B_P \gamma N_\gamma$

尺寸（B）大小影響承載力，另 $N_q > 1$，埋置深度亦影響承載力

$$q_{ult\,(F)} = \gamma D_f N_q + q_{net\,(P)} \frac{B_F}{B_P}$$

$$q_{net\,(F)} = \gamma D_f (N_q - 1) + q_{net\,(P)} \frac{B_F}{B_P}$$

（三）依 Terzaghi 承載力理論

條狀基礎淨承載力 $q_{net} = cN_c + q(N_q - 1) + \frac{1}{2}B\gamma N_\gamma$

土壤摩擦角 $\phi = 0$，$N_q = 1$，$N_\gamma = 0$，得 $q_{net} = c_u N_c$，

若滑動面為飽和黏土，採用不排水剪力強度參數 $c = c_u$，則不需進行地下水位修正

【說明】飽和黏土層進行承載力分析時，因加載初期因不排水，外加負載由孔隙水承擔，激發
超額孔隙水壓力，有效應力沒有變化，剪力強度最低，之後超額孔隙水壓力隨時間消
散，致有效應力逐漸增加，抗剪強度提高，故短期不排水多為黏土層承載力最危險階
段（安全係數最低），採用不排水剪力強度參數（$\phi_u = 0$，$c = c_u$）進行分析。

四、回答下列開挖支撐（Braced cut）相關問題：

（一）說明為何進行支撐開挖側向土壓力多以 Peck（1969）視側壓力分布圖估算側向土
壓力而非主動與靜止側向土壓力。（15 分）

（二）以 Terzaghi 理論推導當開挖底部黏土層厚度大於開挖寬度 B 且開挖長度遠大於寬
度時，其抗隆起安全係數。（10 分）

參考題解

（一）依建築物基礎構造設計規範說明，內撐式支撐設施通常在分層開挖後逐層架設支撐，因
而擋土設施之側向變位亦隨開挖之進行而逐漸增加，但擋土設施所受之側向壓力，同時
受牆背之土層特性、支撐預力、開挖程序與快慢、支撐架設時程等諸因素影響，使牆背
之側向土壓力呈不規則分佈，而與一般擋土牆設計採用之主動土壓力，有明顯之不同，
亦與靜止側向土壓力明顯不同。

（二）Terzaghi 之隆起檢核係以開挖面底面為新承載面（類似基礎面下土壤），當堅硬底層距開
挖底部 $D > B/\sqrt{2}$，滑動弧可完全發展，隆起發生於擋土壁外寬度 $B_1 = B/\sqrt{2}$ 處，其向下
隆起驅動力（類似基礎面上外加負載）與新承載面承壓能力比例（力量比例）為安全係
數。設開挖深度 H，地面外加負載 q，開挖面上土壤單位重 γ、不排水剪力強度 c_{u1}，開
挖面底下不排水剪力強度 c_u

依 Terzaghi 承載力理論，條狀基礎淨承載力 $q_{net} = cN_c + q(N_q - 1) + \frac{1}{2}B\gamma N_\gamma$

黏土層，$N_q = 1$，$N_\gamma = 0$，$N_c = 5.7$，$q_{net} = c_u N_c$

承壓能力：$c_u N_c B_1$

隆起驅動力：$qB_1 + \gamma H B_1 - c_{u1} H$

得隆起安全係數 $FS = \frac{5.7 c_u B_1}{qB_1 + \gamma H B_1 - c_{u1} H} \geq 1.5$

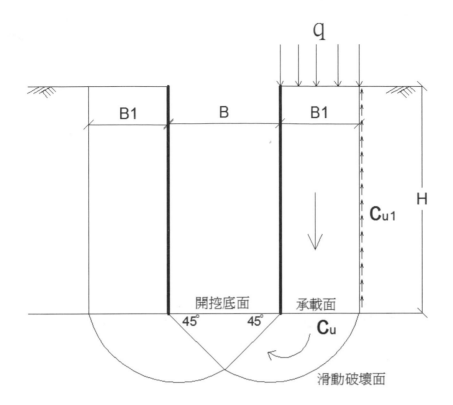

107 年公務人員高等考試三級考試試題／測量學

一、試說明水準儀望遠鏡視準軸應與水準管水準軸平行的檢驗原理，並列出傾斜角之計算公式及繪圖說明其對水準測量時前後視距離不同時之影響。（25 分）

參考題解

水準儀望遠鏡視準軸應與水準管水準軸平行，二者若不平行稱為視準軸誤差，其檢驗須採用「定樁法」實施。定樁法之原理及過程說明如下：

（一）如下圖，將水準儀架設在相距 D 公尺之 A、B 兩標尺之中央處 S_1，並讀得 A、B 兩標尺之讀數分別為 b_1、f_1。

設 A、B 兩標尺之正確讀數分別為 b_1'、f_1'，因水準儀與二標尺之距離相等，故視準軸誤差對 A、B 二標尺造成的讀數誤差量皆為 $\varepsilon/2$，則 A、B 兩樁之正確高程差為：

$$\Delta h_1 = b_1' - f_1' = (b_1 - \frac{\varepsilon}{2}) - (f_1 - \frac{\varepsilon}{2}) = b_1 - f_1 \cdots(1)$$

由上式可以得知：當前後視距離相等時可以消除視準軸誤差。

（二）如下圖，再將水準儀架設於 B 標尺後 d 公尺處之 S_2，並讀得 A、B 兩標尺之讀數分別為 b_2、f_2。

設 A、B 兩標尺之正確讀數分別為 b_2'、f_2'，因水準儀與二標尺之距離不相等，故視準軸誤差對 A、B 二標尺造成的讀數誤差量分別為 $\varepsilon+\Delta$ 和 Δ，則 A、B 兩標尺之正確高程差為：

$$\Delta h_2 = b_2' - f_2' = [b_2 - (\varepsilon+\Delta)] - (f_2 - \Delta) = (b_2 - f_2) - \varepsilon \cdots(2)$$

由上式可以得知：當前後視距離不相等時，無法消除視準軸誤差，由讀數 b_2、f_2 計算之高程差會殘存著視準軸誤差造成的誤差量 ε。

（三）傾斜角之計算：

因 $\Delta h_1 = \Delta h_2$，故得：$\varepsilon = (b_2 - f_2) - (b_1 - f_1)$

ε 是標尺距離水準儀 D 公尺造成的誤差量，故視準軸傾斜角 θ 計算公式如下：

$$\theta = \rho'' \times \frac{\varepsilon}{D}$$

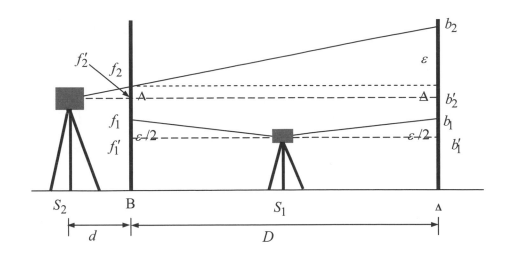

二、試繪圖說明在已知點架設全站儀利用輻射導線法（Radial Traversing）測定任意地面特徵點並計算其三維坐標之施測步驟與計算公式。（25 分）

參考題解

如下圖，設 A、B 二點為已知點，其三維坐標分別為(N_A, E_A, H_A)和(N_B, E_B, H_B)，則施測步驟與相關計算公式說明如下：

（一）於已知點 A 架設全站儀並量得儀器高 i 後，將水平度盤歸零並後視另一已知點 B。

（二）對地面特徵點 P 觀測得斜距 L、垂直角 α、水平角 β、稜鏡高 t。

（三）地面特徵點 P 之三維坐標計算如下：

　　1. 由 A、B 兩點坐標計算方位角：

$$\phi_{AB} = \tan^{-1}(\frac{E_B - E_A}{N_B - N_A}) \quad （判斷象限）$$

　　2. 計算測站 A 至地面特徵點 P 之方位角：

$$\phi_{AP} = \phi_{AB} + \beta$$

　　3. 計算測站 A 至地面特徵點 P 之水平距離：

$$D = L \times \cos\alpha$$

　　4. 計算地面特徵點 P 之平面坐標：

$$N_P = N_A + D \times \cos\phi_{AP}$$

$$E_P = E_A + D \times \sin\phi_{AP}$$

　　5. 計算地面特徵點 P 之高程值：

$$H_P = H_A + L \times \sin\alpha + i - t$$

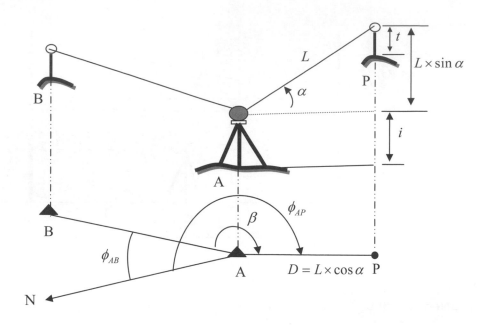

三、於二維平面直角坐標系統(E, N)中，已知 A、B 二點之坐標分別為（20.00, 10.00）、
（100.00, 70.00）（單位：m），於 AB 直線上二點之間以皮卷尺測得 D 點及其右側垂直方
向上 C 點之支距離分別為 $\overline{AD} = 30.00 \pm 0.05m$、$\overline{DC} = 40.00 \pm 0.05m$，若垂直角之觀測中
誤差為 $\sigma_\alpha = \pm 10''$，試計算 D 點、C 點之平面坐標及其誤差為何？（25 分）

參考題解

方位角 $\phi_{AB} = \phi_{AD} = \tan^{-1}\dfrac{100.00-10.00}{70.00-20.00} = 60°56'43''$

D 點坐標計算及其中誤差如下：

$$E_D = E_A + \overline{AD} \times \sin\phi_{AD} = 10.00 + 30.00 \times \sin 60°56'43'' = 36.225m \approx 36.23m$$

$$N_D = E_A + \overline{AD} \times \cos\phi_{AD} = 20.00 + 30.00 \times \cos 60°56'43'' = 34.569m \approx 34.57m$$

因 A、B 二點之坐標無誤差，故方位角 ϕ_{AD} 亦無誤差。

$$\frac{\partial E_D}{\partial \overline{AD}} = \sin\phi_{\overline{AD}} = \sin 60°56'43'' = 0.87415$$

$$\frac{\partial N_D}{\partial \overline{AD}} = \cos\phi_{\overline{AD}} = \cos 60°56'43'' = 0.48564$$

$$M_{E_D} = \pm\sqrt{(\frac{\partial E_D}{\partial \overline{AD}})^2 \times M_{\overline{AD}}^2} = \pm\sqrt{0.87415^2 \times 0.05^2} = \pm 0.0437m \approx \pm 0.04m$$

$$M_{N_{\mathrm{D}}} = \pm\sqrt{(\frac{\partial N_{\mathrm{D}}}{\partial \overline{\mathrm{AD}}})^2 \times M^2_{\overline{\mathrm{AD}}}} = \pm\sqrt{0.48564^2 \times 0.05^2} = \pm 0.0243m \approx \pm 0.02m$$

C 點坐標計算及其中誤差如下：

設 C 點在 $\overline{AB}$ 視線方向的右側，則方位角 $\phi_{\mathrm{CD}} = \phi_{\mathrm{AD}} + 90° = 150°56'43''$

$$E_{\mathrm{C}} = E_{\mathrm{D}} + \overline{CD} \times \sin\phi_{\mathrm{CD}} = 36.23 + 40.00 \times \sin 150°56'43'' = 55.6557m \approx 55.66m$$

$$N_{\mathrm{C}} = E_{\mathrm{D}} + \overline{CD} \times \cos\phi_{\mathrm{CD}} = 34.57 + 40.00 \times \cos 150°56'43'' = -0.396m \approx -0.40m$$

因方位角 ϕ_{AB} 無誤差，故方位角 ϕ_{AD} 亦無誤差。

$$\frac{\partial E_{\mathrm{C}}}{\partial \overline{\mathrm{CD}}} = \sin\phi_{\overline{\mathrm{CD}}} = \sin 150°56'43'' = 0.48564$$

$$\frac{\partial N_{\mathrm{C}}}{\partial \overline{\mathrm{CD}}} = \cos\phi_{\overline{\mathrm{CD}}} = \cos 150°56'43'' = -0.87415$$

$$M_{E_{\mathrm{C}}} = \pm\sqrt{(\frac{\partial E_{\mathrm{C}}}{\partial \overline{\mathrm{CD}}})^2 \times M^2_{\overline{\mathrm{CD}}}} = \pm\sqrt{0.48564^2 \times 0.05^2} = \pm 0.0243m \approx \pm 0.02m$$

$$M_{N_{\mathrm{C}}} = \pm\sqrt{(\frac{\partial N_{\mathrm{C}}}{\partial \overline{\mathrm{CD}}})^2 \times M^2_{\overline{\mathrm{CD}}}} = \pm\sqrt{(-0.87415)^2 \times 0.05^2} = \pm 0.0437m \approx \pm 0.04m$$

四、在二維平面直角坐標系統 (X, Y) 中，已知五邊形 ABCDE 各角點坐標分別為 A (0.00, 391.78)、B (225.72, 747.78)、C (616.54, 592.01)、D (423.21, 0.00)、E(225.10, 110.00)（單位：m），若各點平面坐標含有中誤差 ±0.05m，試依坐標法計算此五邊形 ABCDE 之面積及中誤差為何？（25 分）

參考題解

五邊形 ABCDE 之面積 S 如下：

$$\begin{aligned}
S &= \frac{1}{2}[(X_A + X_B)(Y_A - Y_B) + (X_B + X_C)(Y_B - Y_C) + (X_C + X_D)(Y_C - Y_D) \\
&\quad + (X_D + X_E)(Y_D - Y_E) + (X_E + X_A)(Y_E - Y_A)] \\
&= \frac{1}{2}[(0.00 + 225.72)(391.78 - 747.78) + (225.72 + 616.54)(747.78 - 592.01) \\
&\quad + (616.54 + 423.21)(592.01 - 0.00) + (423.21 + 225.10)(0.00 - 110.00) \\
&\quad + (225.10 + 0.00)(110.00 - 391.78)] \\
&= 265821.07 \ m^2
\end{aligned}$$

$$\frac{\partial S}{\partial X_A} = \frac{1}{2}(Y_E - Y_B) = \frac{1}{2}(110.00 - 747.78) = -319.39m$$

$$\frac{\partial S}{\partial Y_A} = \frac{1}{2}(X_B - X_E) = \frac{1}{2}(225.72 - 225.10) = 0.31m$$

$$\frac{\partial S}{\partial X_B} = \frac{1}{2}(Y_A - Y_C) = \frac{1}{2}(371.78 - 592.01) = -110.115m$$

$$\frac{\partial S}{\partial Y_B} = \frac{1}{2}(X_C - X_A) = \frac{1}{2}(616.54 - 0.00) = 308.27m$$

$$\frac{\partial S}{\partial X_C} = \frac{1}{2}(Y_B - Y_D) = \frac{1}{2}(747.78 - 0.00) = 373.89m$$

$$\frac{\partial S}{\partial Y_C} = \frac{1}{2}(X_D - X_B) = \frac{1}{2}(423.21 - 225.72) = 98.745m$$

$$\frac{\partial S}{\partial X_D} = \frac{1}{2}(Y_C - Y_E) = \frac{1}{2}(592.01 - 110.00) = 241.005m$$

$$\frac{\partial S}{\partial Y_D} = \frac{1}{2}(X_E - X_C) = \frac{1}{2}(225.10 - 616.54) = -195.72m$$

$$\frac{\partial S}{\partial X_E} = \frac{1}{2}(Y_D - Y_A) = \frac{1}{2}(0.00 - 391.78) = -195.89m$$

$$\frac{\partial S}{\partial Y_E} = \frac{1}{2}(X_A - X_D) = \frac{1}{2}(0.00 - 423.21) = -211.605m$$

$$M_S = \pm\sqrt{\begin{array}{l}(\frac{\partial S}{\partial X_A})^2 \cdot m^2 + (\frac{\partial S}{\partial X_B})^2 \cdot m^2 + (\frac{\partial S}{\partial X_C})^2 \cdot m^2 + (\frac{\partial S}{\partial X_D})^2 \cdot m^2 + (\frac{\partial S}{\partial X_E})^2 \cdot m^2 \\ + (\frac{\partial S}{\partial Y_A})^2 \cdot m^2 + (\frac{\partial S}{\partial Y_B})^2 \cdot m^2 + (\frac{\partial S}{\partial Y_C})^2 \cdot m^2 + (\frac{\partial S}{\partial Y_D})^2 \cdot m^2 + (\frac{\partial S}{\partial Y_E})^2 \cdot m^2\end{array}}$$

$$= \pm m \cdot \sqrt{\begin{array}{l}(Y_E - Y_B)^2 + (Y_A - Y_C)^2 + (Y_B - Y_D)^2 + (Y_C - Y_E)^2 + (Y_D - Y_A)^2 \\ + (X_B - X_E)^2 + (X_C - X_A)^2 + (X_D - X_B)^2 + (X_E - X_C)^2 + (X_A - X_D)^2\end{array}}$$

$$= \pm 0.05 \cdot \sqrt{\begin{array}{l}(-319.39)^2 + (-110.115)^2 + 373.89^2 + 241.005^2 + (-195.89^2) \\ + 0.31^2 + 308.27^2 + 98.745^2 + (-195.72)^2 + (-211.605)^2\end{array}}$$

$$= \pm 36.38m^2$$

107 年公務人員高等考試三級考試試題／鋼筋混凝土學與設計

※ 依據與作答規範：內政部營建署「混凝土結構設計規範」（內政部 100.6.9 台內營字第 1000801914 號令；中國土木水利學會「混凝土工程設計規範」（土木 401-100）。

未依上述規範作答，不予計分。

D10，$d_b = 0.96$ cm，$A_b = 0.71$ cm^2；　D13，$d_b = 1.27$ cm，$A_b = 1.27$ cm^2；

D25，$d_b = 2.54$ cm，$A_b = 5.07$ cm^2；　D29，$d_b = 2.87$ cm，$A_b = 6.47$ cm^2；

D32，$d_b = 3.22$ cm，$A_b = 8.14$ cm^2；　D36，$d_b = 3.58$ cm，$A_b = 10.07$ cm^2

混凝土強度 $f'_c = 280$ kgf/cm^2，

D10 與 D13 之 $f_y = 2800$ kgf/cm^2；D25、D29 與 D32 之 $f_y = 4200$ kgf/cm^2

一、一鋼筋混凝土圓形螺旋箍筋柱（如圖一），配置 8 支 D25 主筋，螺旋筋使用 D13，間距 5 cm。試檢核此柱之主鋼筋比及螺旋箍筋比是否符合規範？此柱外圍混凝土剝落前與剝落後之最大設計軸力分別為何？（25 分）

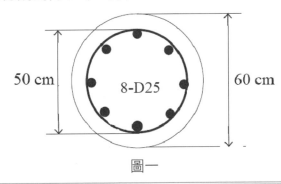

圖一

參考題解

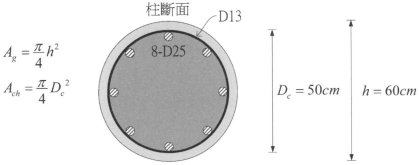

$$A_g = \frac{\pi}{4} h^2$$
$$A_{ch} = \frac{\pi}{4} D_c^2$$

（一）主鋼筋比規定：

$$\begin{cases} A_{st} = 8 \times 5.07 = 40.56 cm^2 \\ A_g = \dfrac{\pi}{4} \times 60^2 = 2827.43 cm^2 \end{cases} \Rightarrow 0.01 A_g \le A_{st} \le 0.08 A_g \Rightarrow (OK)$$

（二）螺旋箍筋比規定：$\therefore \rho_s \ge 0.45 \left[\dfrac{A_g}{A_{ch}} - 1 \right] \dfrac{f_c'}{f_y}$

1. 螺旋箍筋比：$\rho_s = \dfrac{\text{螺箍筋之體積}}{\text{柱心體積}} = \dfrac{(\pi D_c) \times (a_s)}{\left(\dfrac{\pi}{4} D_c^2 \right) \times (s)} = \dfrac{(\pi \times 50) \times (1.27)}{\left(\dfrac{\pi}{4} 50^2 \right) \times (5)} = 0.0203$

2. 全斷面積：$A_g = \dfrac{\pi}{4} \times 60^2 = 2827.43 \ cm^2$

   柱內面積（螺箍筋外緣以內面積）：$A_{ch} = \dfrac{\pi}{4} \times D_c^2 = \dfrac{\pi}{4} \times 50^2 = 1963.5 \ cm^2$

   $0.45 \left[\dfrac{A_g}{A_{ch}} - 1 \right] \dfrac{f_c'}{f_y} = 0.45 \left[\dfrac{2827.43}{1963.5} - 1 \right] \dfrac{280}{2800} = 0.0198$

3. $0.0203 \ge 0.0198 \quad \therefore \rho_s \ge 0.45 \left[\dfrac{A_g}{A_{ch}} - 1 \right] \dfrac{f_c'}{f_y} (OK)$

（三）剝落前最大設計軸力：

1. 最大軸向強度：$P_0 = 0.85 f_c' A_g + A_{st} \left(f_y - 0.85 f_c' \right)$

   $\qquad = 0.85(280) \left(\dfrac{\pi}{4} \times 60^2 \right) + (8 \times 5.07)(4200 - 0.85 \times 280)$

   $\qquad = 672929 + 160699$

   $\qquad = 833628 \ kgf \approx 833.63 \ tf$

2. 最大軸向計算強度：$P_{n,\max} = 0.85 P_0 = 0.85(833.63) \approx 708.59 \ tf$

3. 最大設計軸力：$\phi P_{n,\max} = 0.7(708.59) = 496.01 \ tf$

（四）剝落後最大設計軸力：

1. 保護層剝落後損失的軸向強度：

   $P_{n,lost} = 0.85 f_c' \left[A_g - A_{ch} \right] = 0.85(280)[2827.43 - 1963.5] = 205615 \ kgf \approx 205.62 \ tf$

2. 螺箍筋圍束效果所能提升的軸力增量：

   $P_{n,add} = 2 \rho_s \left[f_{yt} A_{ch} \right]$

   $\qquad = 2(0.0203)[2800 \times 1963.5]$

   $\qquad = 223211 \ kgf \approx 223.21 \ tf$

3. 剝落後最大軸向強度：$P_{0,剝落後} = 833.63 - 205.62 + 223.21 = 851.22 \ tf$

4. 最大軸向計算強度：$P_{n,\max,剝落後} = 0.85P_{0,剝落後} = 0.85(851.22) \approx 723.54 \ tf$

5. 最大設計軸力：$\phi P_{n,\max,剝落後} = 0.7(723.54) \approx 506.48 \ tf$

二、一跨度為 8 m 之簡支鋼筋混凝土矩形梁，斷面寬 b = 40 cm，梁深 h = 70 cm，有效深度 d = 60 cm，鋼筋配置如圖二所示。若僅檢核剪力鋼筋，試依規範之規定，求此梁中央跨度可承受之集中活載重 P_L 最大值。（25 分）

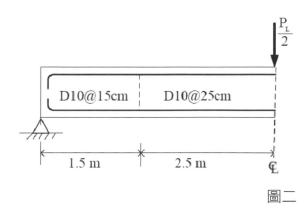
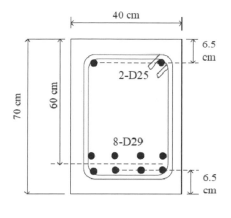

圖二

參考題解

（一）設計載重：

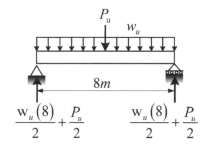

$$w_u = 1.2w_d + 1.6w_L$$
$$= 1.2 \times (2.4 \times 0.4 \times 0.7)$$
$$= 0.8064 \ tf/m$$

$$P_u = 1.2P_d + 1.6P_L = 1.6P_L$$

（二）有效深度：$d = 60cm$

（三）間距 $S = 15cm$ 斷面剪力強度檢核：

1. 支承處臨界斷面剪力設計強度 V_u：

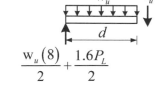

$$V_u = \frac{w_u(8)}{2} + \frac{1.6P_L}{2} - w_u d$$

$$= \frac{0.8064(8)}{2} + 0.8P_L - 0.8064(0.6) \approx 2.74 + 0.8P_L$$

2. 剪力計算強度 V_n：

（1）混凝土剪力強度：$V_c = 0.53\sqrt{f_c'}\,b_w d = 0.53\sqrt{280}(40 \times 60) = 21284 \ kgf$

（2）剪力筋剪力強度：$V_s = \dfrac{dA_v f_y}{s} = \dfrac{(60)(2 \times 0.71)(2800)}{15} = 15904 \ kgf$

（3）$V_n = V_c + V_s = 21284 + 15904 = 37188 \ kgf = 37.19 \ tf$

3. $V_u = \phi V_n \Rightarrow 2.74 + 0.8P_L = 0.75(37.19) \Rightarrow P_L = 31.44 \ tf$

（四）間距 $S = 25cm$ 斷面剪力強度檢核：

1. 設計剪力 V_u：

$$V_u = \frac{w_u(8)}{2} + \frac{1.6P_L}{2} - w_u(1.5)$$
$$= \frac{0.8064(8)}{2} + \frac{1.6P_L}{2} - 0.8064(1.5) = 2.016 + 0.8P_L \qquad \frac{w_u(8)}{2} + \frac{1.6P_L}{2}$$

2. 剪力計算強度 V_n：

（1）混凝土剪力強度：$V_c = 21284 \ kgf$

（2）剪力筋剪力強度：$V_s = \dfrac{dA_v f_y}{s} = \dfrac{(60)(2 \times 0.71)(2800)}{25} = 9542 \ kgf$

（3）$V_n = V_c + V_s = 21284 + 9542 = 30826 \ kgf \approx 30.83 \ tf$

3. $V_u = \phi V_n \Rightarrow 2.016 + 0.8P_L = 0.75(30.83) \therefore P_L = 26.38 \ tf$

（五）$P_L = (31.44, 26.38)_{\min} = 26.38 \ tf$

其剪力強度由間距 $S = 25cm$ 處斷面控制

三、一鋼筋混凝土單向版，淨跨度均為 4.5 m，版厚 h = 20 cm，有效深度 d = 17 cm，此版承受彎矩 M_u = 2.7 tf-m。試設計此版兩方向符合規範之每公尺寬所需鋼筋量與其間距。（25 分）

參考題解

假設題目給定的設計彎矩 M_u，為取一米寬分析時之設計彎矩值

（一）短向鋼筋設計：

1. 設計彎矩：$M_u = 2.7tf - m$

2. 採單筋梁設計，假設 $\varepsilon_t \geq 0.005 (\phi = 0.9)$

（1）$C_c = 0.85 f_c' ba = 0.85(280)(100)(0.85x) = 20230x$

$T = A_s f_y = A_s(2800)$

（2）$M_n = C_c \left(d - \dfrac{a}{2}\right) \Rightarrow \dfrac{2.7 \times 10^5}{0.9} = 20230x \left(17 - \dfrac{0.85x}{2}\right)$

$\Rightarrow -0.425x^2 + 17x - 14.8 = 0 \quad \therefore x = 0.89cm，39.1cm(不合)$

$\left(\varepsilon_s = \dfrac{d-x}{x}(0.003) = \dfrac{17 - 0.89}{0.89}(0.003) > 0.005 \Rightarrow OK\right)$

（3）$C_c = T \Rightarrow 20230(0.89) = A_s(2800) \quad \therefore A_s = 6.43cm^2$

3. 採#4 主筋設計鋼筋間距：

　（1）溫度鋼筋量（最小鋼筋量）檢核：

$$\dfrac{A_s}{bh} \geq 0.002 \Rightarrow \dfrac{6.43}{(100)(20)} = 0.003215 > 0.002 \Rightarrow OK$$

　（2）採用#4 設計：$\dfrac{100}{s} \times 1.27 = 6.43 \Rightarrow s = 100\left(\dfrac{1.27}{6.43}\right) = 19.8cm \Rightarrow 取 s = 19cm$

　　（若要考慮施工性，可採用 $s = 15\ cm$）

　（3）最大間距檢核：$s \leq [3h, 45cm]_{\min} \Rightarrow 19cm \leq [3(20cm), 45cm]_{\min} \Rightarrow OK$

（二）長向鋼筋設計 $\Rightarrow$ 採溫度鋼筋量設計

1. 溫度鋼筋量：$\dfrac{A_s}{bh} = 0.002 \Rightarrow \dfrac{A_s}{(100)(20)} = 0.002 \Rightarrow A_s = 4cm^2$

2. 間距設計：$\dfrac{100}{s} \times 1.27 = 4 \Rightarrow s = 31.75cm \Rightarrow 取 s = 30cm$

3. 最大間距檢核：$s \leq [5h, 45cm]_{\min} \Rightarrow 30cm \leq [5(20cm), 45cm]_{\min} \Rightarrow OK$

四、依據鋼筋混凝土結構耐震設計之特別規定，試說明混凝土強度之相關規定及其理由；鋼筋降伏強度不得超出規定降伏強度之理由；又為何常於發生塑性鉸的位置配置較多的圍束鋼筋？（25 分）

參考題解

（一）混凝土強度之相關規定及其理由：摘自營建署土木 401-100{規範 15.3.4}

1. 減少建築物受壓構材尺寸，增加室內使用空間。

2. 減少建築物重量，減小地震力。

3. 增加斷面韌性，提升耐震性能：

   構材承受彎矩時，若混凝土抗壓強度較高時，其壓應力分佈等值矩形之深度 a 將較小，即中性軸至最外受壓纖維之距離 c 變小，因此在同樣的外緣最大壓應變下其曲率變大，進而會增加最後塑鉸之轉角量，提昇耐震性能。

（二）鋼筋降伏強度不得超出規定降伏之理由：摘自營建署土木 401-100{規範 15.3.5}

1. 避免彎矩強度增加，致使剪力增加，可能產生剪力破壞。

2. 鋼筋降伏強度增加，亦可能導致握裹破壞。

（三）塑性鉸的位置配置較多的圍束鋼筋之理由：

摘自營建署土木 401-100{規範 15.4.3}{規範 15.5.4}

1. 配置閉合箍筋的目的在使產生塑鉸處之混凝土有良好之圍束。

2. 塑鉸處鋼筋之應變已進入非彈性，應有足夠側向支撐以防止鋼筋產生屈曲。

107 年公務人員高等考試三級考試試題／結構學

一、如圖一所示梁結構，A 點和 B 點為置放於彈簧支承上之導向支承（guide support）邊界，梁承受載重後，A 點和 B 點之旋轉角均為零，但可在垂直方向變位。該梁之 EI 為常數，彈簧支承之勁度係數為 k。試求 A 點之垂直方向變位為何？此外取梁中央 C 點處之彎矩 M_C 為贅力，並以諧合變位法求彎矩 M_C 之值為何？（25 分）

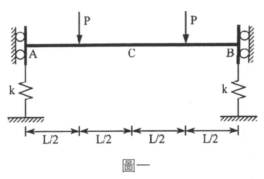

圖一

參考題解

（一）對稱結構取半分析如下圖所示，以 M_C 為贅餘力，可得

$$R_A = P \; ; \; M_A = M_C - \frac{PL}{2} \qquad \text{①}$$

（二）A 點重直變位為

$$\Delta_A = \frac{P}{k}(\downarrow)$$

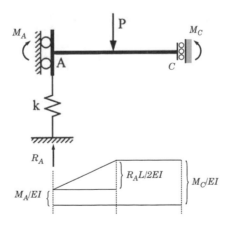

（三）M/EI 圖如上圖所示，依彎矩面積法可得

$$\theta_C = \theta_A + \frac{R_A L(L/2)}{2(2EI)} + \frac{M_A(L/2)}{EI} + \frac{M_C(L/2)}{EI} \qquad \text{②}$$

上式中 $\theta_C = \theta_A = 0$。將①式代入②式，可解得

$$M_C = \frac{PL}{8}$$

二、試判別以下結構是否為穩定結構，如為穩定結構請判別其為靜定或超靜定結構，並敘明
　　其超靜定之次數。（25 分）

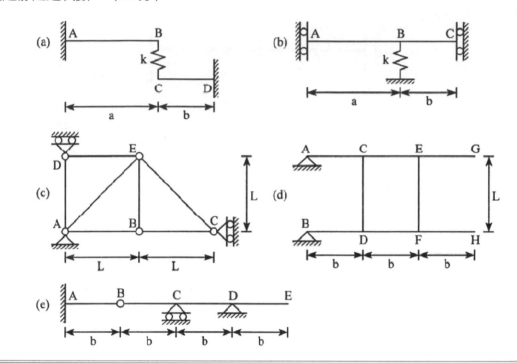

參考題解

（一）圖（a）為穩定結構，超靜定度 $R_e = 1$ 之超靜定結構。

（二）圖（b）為穩定結構，當為樑（無水平向負載）時，為超靜定度 $R_e = 1$ 之超靜定結構。
　　　當為剛架（有水平向負載）時，為超靜定度 $R_e = 2$ 之超靜定結構。

（三）圖（c）為不穩定結構，所有支承力均通過 A 點 。

（四）圖（d）為穩定結構，超靜定度 $R_e = 4$ 之超靜定結構。

（五）圖（e）為穩定結構，當為樑（無水平向負載）時，為超靜定度 $R_e = 1$ 之超靜定結構。
　　　當為剛架（有水平向負載）時，為超靜定度 $R_e = 2$ 之超靜定結構。

三、如圖二所示桁架結構，AB 及 AC 桿件之楊氏係數 E 及橫斷面積 A 皆相同，A 點為鉸
　　支承，B 點和 C 點有彈簧 BD 及彈簧 CE 支承，B 點和 C 點間亦有彈簧 BC 連接，
　　各 彈簧之彈性係數均為 k，且 k＝2AE/L。該桁架結構於 C 點處承受一垂直力 P 作用。
　　（一）取彈簧 BC 之內力為贅力，以卡式第二定理求彈簧 BC 之內力為何？（15 分）
　　（二）以單位力法，求 C 點之垂直變位為何？（10 分）

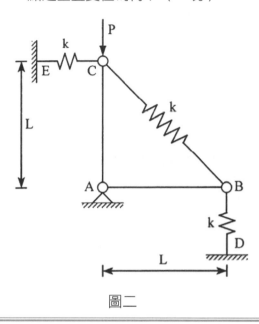

圖二

參考題解

（一）基元結構如圖（a）所示，取 S_1 為贅餘力，可得各桿件及彈簧之內力為

$$S_2 = -\left(P + \frac{S_1}{\sqrt{2}} \right) \; ; \; S_3 = -\frac{S_1}{\sqrt{2}} \; ; \; S_4 = \frac{S_1}{\sqrt{2}} \; ; \; S_5 = \frac{S_1}{\sqrt{2}} \qquad ①$$

（a）

（二）結構之應變能為

$$U = \frac{S_2^2 L}{2AE} + \frac{S_3^2 L}{2AE} + \frac{S_1^2}{2k} + \frac{S_4^2}{2k} + \frac{S_5^2}{2k}$$

依卡式第二定理可得

$$\frac{\partial U}{\partial S_1} = \frac{L}{AE}\left[S_2\left(\frac{-1}{\sqrt{2}}\right) + S_3\left(\frac{-1}{\sqrt{2}}\right)\right] + \frac{1}{k}\left[S_1(1) + S_4\left(\frac{1}{\sqrt{2}}\right) + S_5\left(\frac{1}{\sqrt{2}}\right)\right] = 0$$

將①式代入上式可解得

$$S_1 = S_{BC} = -\frac{P}{2\sqrt{2}} \quad （壓力）$$

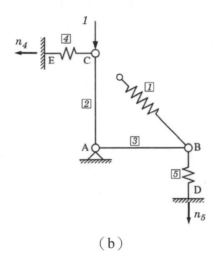

（b）

（三）如圖（b）所示，在 C 點施加一單位力，可得各桿件及彈簧之內力為

$$n_1 = 0 \ ; \ n_2 = -1 \ ; \ n_3 = n_4 = n_5 = 0$$

依單位力法可得 C 點垂直位移 Δ_{CV} 為

$$\Delta_{CV} = \frac{n_2(S_2)L}{AE} = \frac{3PL}{4AE}(\downarrow)$$

四、如圖三所示平面剛架結構，A、D、E、H 點為鉸支承，B、C、F、G 點為剛性接頭。試繪出此剛架結構之對稱面（symmetric plane）及反對稱面（anti-symmetric plane）各為何？此外以傾角變位法計算各桿件端點彎矩 M_{BA}、M_{BC}、M_{BF}、M_{FB}、M_{FE} 和 M_{FG} 各為何？（依傾角變位法慣用符號規定，桿端彎矩以順鐘向為正）（25分）

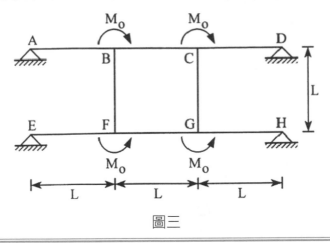

圖三

參考題解

（一）對稱面及反對稱面如下圖所示。考量對稱及反對稱性可知各節點均無位移，且

$$\theta_C = \theta_B \ ; \ \theta_F = -\theta_B$$

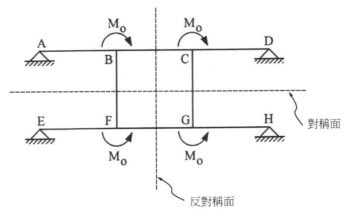

引用傾角變位法公式，可得桿端彎矩為

$$M_{BA} = \frac{EI}{L}[3\theta_B] = 3\bar{\theta}$$

$$M_{BC} = \frac{EI}{L}[4\theta_B + 2\theta_B] = 6\bar{\theta}$$

$$M_{BF} = \frac{EI}{L}\left[4\theta_B + 2(-\theta_B)\right] = 2\overline{\theta}$$

上列式中之 $\overline{\theta} = \frac{EI}{L}\theta_B$。

（二）考慮 B 點的隅矩平衡，可得

$$\Sigma M_B = M_{BA} + M_{BC} + M_{BF} - M_0 = 0$$

由上式解得 $\overline{\theta} = \frac{M_0}{11}$，故桿端彎矩為

$$M_{BA} = \frac{3M_0}{11} \ (\circlearrowright) \ ; \ M_{BC} = \frac{6M_0}{11} \ (\circlearrowright) \ ; \ M_{BF} = \frac{2M_0}{11} \ (\circlearrowright)$$

（三）再依對稱性可得

$$M_{FE} = -\frac{3M_0}{11} \ (\circlearrowleft) \ ; \ M_{FG} = -\frac{6M_0}{11} \ (\circlearrowleft) \ ; \ M_{FB} = -\frac{2M_0}{11} \ (\circlearrowleft)$$

公務人員普考

107 年公務人員普通考試試題／工程力學概要

一、圖一為托架 ABCD，在 A 點為鉸支承（hinged support），D 點由繩索 DE 支承，C 點承受一集中載重 P = 500 N，如 B 點與 C 點所承受之彎矩均相同，不計托架 ABCD 及繩索 DE 自重，試回答下列問題：

（一）B 點與 C 點間距離 a 應為何？（20 分）

（二）繩索 DE 承受力量為何？（5 分）

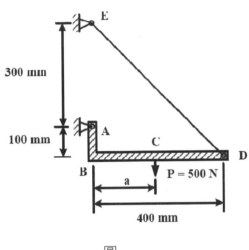

圖一

參考題解

（一）如右圖所示，可得：

$$\Sigma M_A = \frac{T}{\sqrt{2}}(400-100) - Pa = 0$$

故有

$$\frac{T}{\sqrt{2}} = \frac{Pa}{300} = \frac{5a}{3}$$

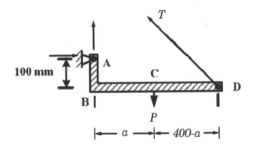

（二）又 C 點及 B 點彎矩分別為：

$$M_C = \frac{T}{\sqrt{2}}(400-a) = \frac{5a}{3}(400-a)$$

$$M_B = \frac{T}{\sqrt{2}}(400) - Pa = \frac{500a}{3}$$

（三）依題意得：

$$\frac{5a}{3}(400-a) = \frac{500a}{3}$$

解出　$a = 300 \, mm$。又繩索 DE 之張力為

$$T = \frac{5a}{3}\sqrt{2} = 500\sqrt{2} = 707.11N$$

二、圖二為直線 $y = 2x$ 與拋物線 $y = 4\sqrt{x}$ 相交於 O 點與 T 點之陰影，試求此陰影面積形心（centroid）位置為何？（25 分）

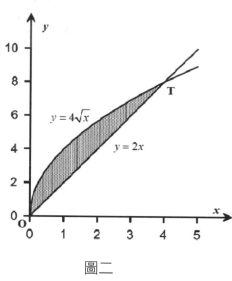

圖二

參考題解

（一）如右圖所示，令 $y_1 = 4\sqrt{x}$ 及 $y_2 = 2x$，先求 T 點之 x 座標

$$4\sqrt{x_T} = 2x_T$$

解得 $x_T = 4$

（二）右圖中面積元素之面積 dA 為

$$dA = (y_1 - y_2)dx$$

又面積元素之形心座標為 $\left(x, \dfrac{y_1 + y_2}{2}\right)$。故陰影區域
之面積為

$$A = \int_0^4 (y_1 - y_2)\,dx = \int_0^4 \left(4\sqrt{x} - 2x\right)dx = 5.333$$

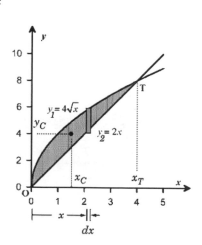

（三）令陰影區域之形心座標為(x_C, y_C)，則有

$$x_C = \frac{\int_0^4 x(y_1 - y_2)\,dx}{A} = \frac{\int_0^4 x\left(4\sqrt{x} - 2x\right)dx}{A} = \frac{8.533}{5.333} = 1.6$$

$$y_C = \frac{\int_0^4 \left(\frac{y_1 + y_2}{2}\right)(y_1 - y_2)\,dx}{A} = \frac{\frac{1}{2}\int_0^4 \left(y_1^2 - y_2^2\right)dx}{A}$$

$$= \frac{\frac{1}{2}\int_0^4 \left(16x - 4x^2\right)dx}{A} = \frac{21.333}{5.333} = 4$$

三、圖三為簡支撐外伸梁 ABCDEF，承受一垂直集中載重 $P_f = 300$ kN 及均布載重 w = 180 kN/m，假設梁之 EI 值及幾何尺寸均相同，試回答下列問題：

（一）求 A 及 C 支撐點之反力。（5分）

（二）繪製此梁 ABCD 之剪力圖及彎矩圖。（20分）

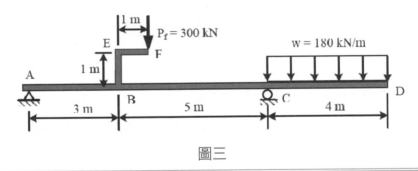

圖三

參考題解

（一）如下圖所示之樑 ABCD，其中 $M_1 = P_1(1) = 300kN \cdot m$。C 點支承反力為

$$RC = \frac{3P_1 + M_1 + 4(180)(10)}{8} = 1050kN\,(\uparrow)$$

A 點支承反力為

$$R_A = R_C - P_1 - 4(180) = 30kN\,(\downarrow)$$

（二）依面積法可繪樑 ABCD 之剪力圖及彎矩圖，如下圖中所示。

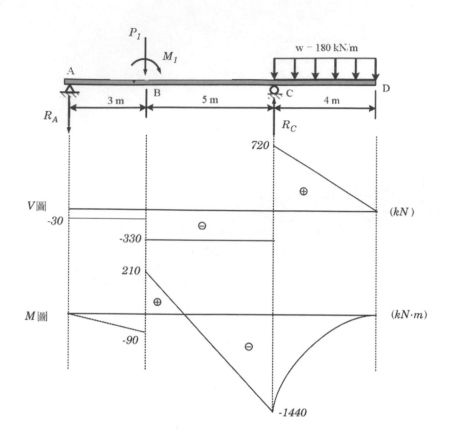

四、圖四為兩端固定之兩個不等截面圓軸 ABC，在 B 點承受集中載重 P = 60 kN，大小軸之
直徑分別為 30 mm 及 15 mm，長度分別為 500 mm 及 400 mm，製作圓軸之材料彈性
模數 E 為 200 GPa，假如材料自重不計，試回答下列問題：

（一）軸 AB 及軸 BC 之應力各為何？（20分）

（二）B 點之位移為何？（5分）

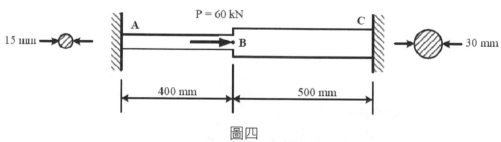

圖四

參考題解

（一）兩段桿件之斷面積分別為：

$$A_1 = \frac{\pi}{4}(15)^2 = 176.715 \, mm^2 \; ; \; A_2 = \frac{\pi}{4}(30)^2 = 706.858 \, mm^2$$

又彈性模數 $E = 200GPa = 200kN/mm^2$

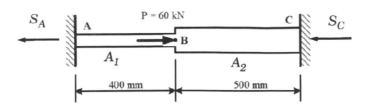

（二）如上圖所示，取 S_A 贅餘力，可得 $S_C = P - S_A$。桿件長度變化量為：

$$\delta = \frac{S_A(400)}{A_1 E} - \frac{(P-S_A)(500)}{A_2 E} = 0$$

由上式解得 $S_A = 14.286\,kN$（拉力），又 $S_C = P - S_A = 45.714\,kN$（壓力）。

（三）兩段桿件內之應力分別為：

$$\sigma_{AB} = \frac{S_A}{A_1} = 0.08084\,kN/mm^2 = 80.84\,MPa\ （拉應力）$$

$$\sigma_{BC} = \frac{S_C}{A_2} = 0.06467\,kN/mm^2 = 64.67\,MPa\ （壓應力）$$

（四）B 點之位移為：

$$\Delta_B = \frac{S_A(400)}{A_1 E} = 0.162\,mm\,(\rightarrow)$$

107 年公務人員普通考試試題／結構學概要與鋼筋混凝土學概要

一、如圖一之剛架，B 點為鉸支承，F 點為滾支承。今於 CE 桿件中 D 點，施加 $M_o = 2PL$ 之彎矩，試求 B 點及 F 點之水平及垂直反力，並標示其作用之方向各為何？此外並繪製 CDE 桿件之軸力圖、剪力圖及彎矩圖。（25 分）

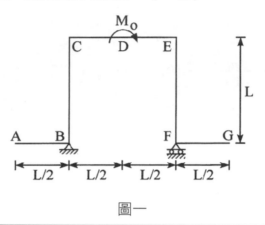

圖一

參考題解

（一）計算支承反力

1. $\sum M_B = 0$, $R_F \times L = M_o$

   $\therefore R_F = \dfrac{M_o}{L} = 2P(\uparrow)$

2. $\sum F_y = 0$, $R_B + R_F = 0$

   $\therefore R_B = -\dfrac{M_o}{L} = -2P(\downarrow)$

3. $\sum F_x = 0$, $H_B = 0$

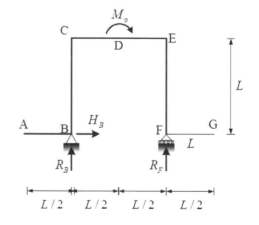

（二）軸力圖、剪力圖、彎矩圖如下：

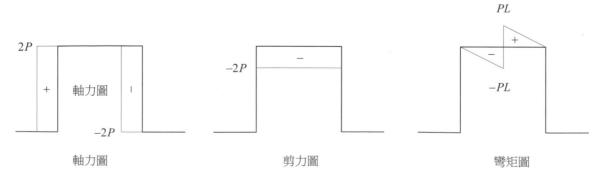

二、如圖二中之桁架，各桿件都有相同之楊氏係數 E 及斷面積 A。今於 C 點處施加一水平
力 P，試求：

（一）支撐處 A 點及 D 點之反力及所有桿件之軸力各為何？請繪製該桁架，標示支撐
處 反力大小及方向，並將桿件受力寫在桿件旁，張力為正，壓力為負。（20 分）

（二）H 點之水平位移為何？（須註明向右或向左）（5 分）

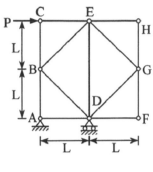

圖二

參考題解

（一）計算支承反力：

1. $\sum M_A = 0$, $R_D \times L = P \times 2L$ $\therefore R_D = 2P(\uparrow)$

2. $\sum F_y = 0$, $R_A + R_D = 0$ $\therefore R_A = -2P(\downarrow)$

3. $\sum F_x = 0$, $H_A + P = 0$ $\therefore H_A = -P(\leftarrow)$

（二）以節點法計算各桿內力：

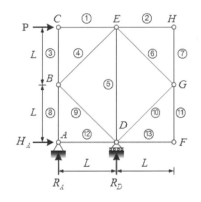

1. H 節點：$\begin{cases} S_2 = 0 \\ S_7 = 0 \end{cases}$

2. F 節點：$\begin{cases} S_{11} = 0 \\ S_{13} = 0 \end{cases}$

3. G 節點：$\begin{cases} S_6 = 0 \\ S_{10} = 0 \end{cases}$

   $\therefore$ 桁架右半部的 6 根桿件均為零桿

4. C 節點：$\begin{cases} S_1 = P \ (壓力) \\ S_3 = 0 \end{cases}$

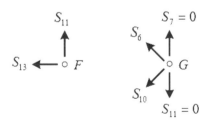

5. E 節點：

$$\sum F_x = 0 \; , \; S_4 \times \frac{1}{\sqrt{2}} = P \quad \therefore S_4 = \sqrt{2}P \;(拉力)$$

$$\sum F_y = 0 \; , \; S_4 \times \frac{1}{\sqrt{2}} = S_5 \quad \therefore S_5 = P \;(壓力)$$

$S_1 = P \longrightarrow E \longrightarrow S_2 = 0$

S_4 ↗ S_5 ↘ $S_6 = 0$

6. B 節點：

$$\sum F_x = 0 \; , \; S_4 \times \frac{1}{\sqrt{2}} = S_9 \times \frac{1}{\sqrt{2}} \quad \therefore S_9 = \sqrt{2}P\;(壓力)$$

$$\sum F_y = 0 \; , \; S_4 \times \frac{1}{\sqrt{2}} + S_9 \times \frac{1}{\sqrt{2}} = S_8 \quad \therefore S_8 = 2P\;(拉力)$$

$S_3 = 0$

$S_4 = \sqrt{2}P$

B

$S_8 \quad S_9$

7. A 節點：

$$\sum F_x = 0 \; , \; S_{12} + H_A = 0 \quad \therefore S_{12} = P \;(拉力)$$

$S_8 = P$

A

$H_A = -P \longrightarrow \bullet \longrightarrow S_{12}$

$R_A = -P$

（三）支承反力與各桿內力如下圖（圖左）所示：

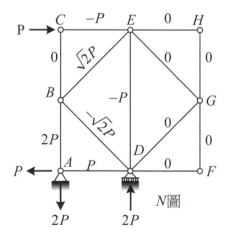

N圖

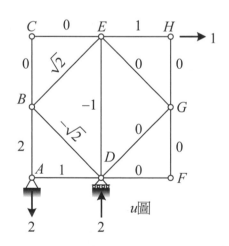

u圖

（四）以單位力法計算 H 點水平位移⇒於 H 點施加一單位向右水平力，此時各桿內力圖如上圖
（圖右）

桿件	N	u	桿件長 L	uNL
①	$-P$	0	L	0
②	0	1	L	0
③	0	0	L	0
④	$\sqrt{2}P$	$\sqrt{2}$	$\sqrt{2}L$	$2\sqrt{2}PL$
⑤	$-P$	-1	$2L$	$2PL$
⑥	0	0	$\sqrt{2}L$	0
⑦	0	0	L	0
⑧	$2P$	2	L	$4PL$
⑨	$-\sqrt{2}P$	$-\sqrt{2}$	$\sqrt{2}L$	$2\sqrt{2}PL$
⑩	0	0	$\sqrt{2}L$	0
⑪	0	0	L	0
⑫	P	1	L	PL
⑬	0	0	L	0
$\sum$				$\left(7+4\sqrt{2}\right)PL$

$$1 \cdot \Delta_{H,H} = \sum n \frac{NL}{EA}$$
$$= \frac{\left(7+4\sqrt{2}\right)PL}{EA}(\rightarrow)$$

※ 依據與作答規範：內政部營建署「混凝土結構設計規範」（內政部 100.6.9 台內營字第 1000801914 號令）；中國土木水利學會「混凝土工程設計規範」（土木 401-100）。

未依上述規範作答，不予計分。

三、有一矩形梁淨跨距為 L，梁寬 b，有效深度 d，承受均布靜載重（含自重）W_d 及均布 活載重 W_l。已知混凝土強度 $f'_c = 280\ kgf/cm^2$，鋼筋降伏強度 $f_y = 4200\ kgf/cm^2$，試求：

（一）此梁設計剪力 V_u 之計算式？（5分）

（二）若此梁承受 $V_u = 12\ tf$，且無配置剪力鋼筋時，剪力控制之最小混凝土斷面為何？
　　　（10分）

（三）承題（二）此梁配置最少量剪力鋼筋時，剪力控制之最小混凝土斷面為何？（10分）

參考題解

假設該梁為簡支梁

（一）臨界斷面設計剪力為梁設計剪力 V_u

　　1. 設計載重：$w_u = 1.2w_d + 1.6w_L$

　　2. 設計剪力：$V_u = \dfrac{w_u L}{2} - w_u d$

　　　其中 $w_u = 1.2w_d + 1.6w_L$

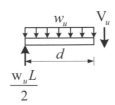

（二）若 $V_u = 12 \, tf$

1. $V_n = \dfrac{V_u}{\phi} = \dfrac{12}{0.75} = 16 \; tf$

2. 混凝土剪力強度：$V_c = 0.53\sqrt{f_c'} \, b_w d = 0.53\sqrt{280}\,(bd)$

3. 剪力筋剪力強度：不配置剪力筋 $\Rightarrow V_s = 0$

4. $V_n = V_c + V\!\!\!/_s^{\,0} \Rightarrow 16 \times 10^3 = 0.53\sqrt{280}\,(bd) + 0 \quad \therefore bd = 1804 \; cm^2$

（三）若配置最少剪力鋼筋量

1. $V_n = \dfrac{V_u}{\phi} = \dfrac{12}{0.75} = 16 \; tf$

2. 混凝土剪力強度：$V_c = 0.53\sqrt{f_c'} \, b_w d = 0.53\sqrt{280}\,(bd)$

3. 剪力筋剪力強度：配置 $A_{v,min}$

　（1）計算 $A_{v,min}$

$$A_{v,min} = \left\{ \frac{0.2\sqrt{f_c'}\,b_w s}{f_{yt}} \;,\; \frac{3.5 b_w s}{f_{yt}} \right\}_{max} = \left\{ \frac{0.2\sqrt{280}\,(bs)}{f_{yt}} \;,\; \frac{3.5(bs)}{f_{yt}} \right\}_{max}$$

$$= \left\{ \frac{3.35(bs)}{f_{yt}} \;,\; \frac{3.5(bs)}{f_{yt}} \right\}_{max} = \frac{3.5(bs)}{f_{yt}}$$

　（2）$V_s = \dfrac{d A_v f_{yt}}{s} = \dfrac{(d)\left(\dfrac{3.5(bs)}{f_{yt}}\right)(f_{yt})}{s} = 3.5 bd$

4. $V_n = V_c + V_s \Rightarrow 16 \times 10^3 = 0.53\sqrt{280}\,(bd) + 3.5(bd) \quad \therefore bd = 1294 \; cm^2$

補充說明

1. 題目問的『混凝土最小面積』，解答直接以 bd 表示，也就是能夠提供混凝土剪力強度的面積；只要將 bd 加上 bd'，就可以得到最小斷面積 bh。

2. 若考慮規範針對最少剪力鋼筋量配置位置的規定：$V_u \le \dfrac{1}{2}\phi V_c$，方可不配置剪力筋則（二）小題中的 bd 會放大一倍至 $bd = 3608 \; cm^2$。

四、有一單筋矩形梁，寬 b = 35 cm，有效深度 d = 55 cm，承受設計彎矩 M_u = 27 *tf-m*，使用
混凝土強度 f'_c = 280 *kgf/cm²*，鋼筋降伏強度 f_y = 4200 *kgf/cm²*，試配置此梁所需之鋼
筋。（25 分）

（D25，A_b = 5.07 cm² ; D29，A_b = 6.47 cm² ; D32，A_b = 8.14 cm² ; D36，A_b = 10.07 cm²）

參考題解

（一）假設 $\varepsilon_t \geq 0.005 \Rightarrow \phi = 0.9$ $\therefore M_n = \dfrac{M_u}{\phi} = \dfrac{27}{0.9}$ $tf-m$

（二）計算中性軸位置：

1. $C_c = 0.85 f'_c ba = 0.85(280)(35)(0.85x) = 7081x$

2. $M_n = C_c \left(d - \dfrac{a}{2} \right) \Rightarrow \dfrac{27}{0.9} \times 10^5 = 7081x \left(55 - \dfrac{0.85x}{2} \right)$

   $\Rightarrow -0.425x^2 + 55x - 424 = 0$ $\therefore x = 8.2\ cm$, $121.2\ cm$ (不合)

3. $\varepsilon_t = \dfrac{d-x}{x}(0.003) = \dfrac{55 - 8.2}{8.2}(0.003) = 0.017 > 0.005$ (OK)

（三）設計鋼筋量：

1. $C_c = 7081x = 7081(8.2) = 58064\ kgf$

2. $T = A_s f_y = A_s(4200)$

3. $C_c = T \Rightarrow 58064 = A_s(4200)$ $\therefore A_s = 13.82\ cm^2$

（四）最小鋼筋量檢核：

1. $A_{s,\min} = \left\{ \dfrac{14}{f_y} b_w d , \dfrac{0.8\sqrt{f'_c}}{f_y} b_w d \right\}_{\max} = \left\{ \dfrac{14}{4200}(35 \times 55) , \dfrac{0.8\sqrt{280}}{4200}(35 \times 55) \right\}_{\max}$

   $\Rightarrow A_{s,\min} = \left\{ 6.42 cm^2 , 6.14 cm^2 \right\}_{\max} = 6.42 cm^2$

2. $A_s \geq A_{s,\min} \Rightarrow OK$

（五）配筋：

1. 採用 3-D25 $A_s = 3(5.07) = 15.21\ cm^2 > 13.82\ cm^2$ （OK）

2. 淨間距檢核：假設箍筋採用 D13

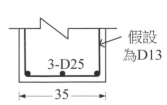

$s = \dfrac{35 - 2 \times 4 - 2 \times 1.27 - 3 \times 2.54}{2} = 8.42\ cm \geq \begin{cases} d_b = 2.54\ cm \\ 2.5\ cm \end{cases}$ （OK）

107 年公務人員普通考試試題／測量學概要

一、試繪圖及列出公式說明於已知 A 點（高程＝H_a）以全測站儀（Total Station）測量獲得未知 B 點高程（H_b）之原理，並列出其誤差來源。（25 分）

參考題解

（一）原理說明

如下圖，於已知點 A 架設全測站儀並量得儀器高 i，於未知點 B 架設稜鏡並量得稜鏡高 t，全測站儀照準未知點稜鏡觀測得斜距 L、垂直角 α，則未知點 B 之高程值：

$$H_b = H_a + L \times \sin \alpha + i - t$$

（二）誤差來源

1. 已知點 A 高程值 H_a 的誤差。
2. 斜距 L 的觀測誤差。
3. 垂直角 α 的觀測誤差。
4. 儀器高 i 的量測誤差。
5. 稜鏡高 t 的量測誤差。

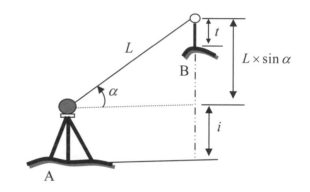

二、於二維平面直角坐標系統 (E, N) 中，已知 A、B 二點之坐標分別為 $(100.00, 20.00)$、$(100.00, 120.00)$（單位：m），由 A、B 二點分別觀測得方位角 $\phi_{\overline{AP}} = 60°0'0''$、距離 $\overline{BP} = 90.00m$，試列出觀測方程式並計算 P 點之平面坐標 (E_P, N_P)，並說明以此方式測定點位有何缺失？（25 分）

參考題解

在一個已知點 A 對未知點 P 測角，在另一個已知點 B 對未知點 P 測距，從而測定未知點平面位置之方法稱為半導線法（或角度距離交會法），如圖所示。已知點 A 測角是確定未知點 P 所在的方位線，已知點 B 測距是確定未知點 P 在此方位線上的確定位置，亦即指未知點 P 將位於以 B 點為圓心所測距離為半徑的圓弧上。然因圓弧與方位線可能會產生 P 和 P′ 二個交點，因此有必須再確定未知點的確切位置是 P 或 P′ 之缺失。

$$\overline{AB} = \sqrt{(100.00 - 100.00)^2 + (120.00 - 20.00)^2} = 100.00m$$

$$\overline{AD} = \overline{AB} \times \cos \phi_{AP} = 100.00 \times \cos 60° = 50.00m$$

$$\overline{BD} = \overline{AB} \times \sin\phi_{AP} = 100.00 \times \sin 60° = 86.60m$$

$$\overline{PD} = \overline{P'D} = d = \sqrt{\overline{BP}^2 - \overline{BD}^2} = \sqrt{90^2 - 86.60^2} = 24.50m$$

$$\overline{AP} = \overline{AD} - d = 50.00 - 24.50 = 25.50m$$

$$\overline{AP'} = \overline{AD} + d = 50.00 + 24.50 = 74.50m$$

若確定未知點為 P，則其平面坐標為：

$$N_P = N_A + \overline{AP} \times \cos\phi_{AP} = 20.00 + 25.50 \times \cos 60° = 32.75m$$
$$E_P = E_A + \overline{AP} \times \sin\phi_{AP} = 100.00 + 25.50 \times \sin 60° = 122.08m$$

若確定未知點為 P′，則其平面坐標為：

$$N_{P'} = N_A + \overline{AP'} \times \cos\phi_{AP} = 20.00 + 74.50 \times \cos 60° = 57.25m$$
$$E_{P'} = E_A + \overline{AP'} \times \sin\phi_{AP} = 100.00 + 74.50 \times \sin 60° = 164.52m$$

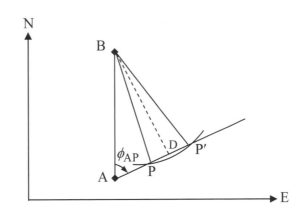

三、於二維平面直角坐標系統中，試繪圖說明由二個可通視的已知點中之一架設全站儀（Total Station）利用光線法（導線法）測定新點之步驟與計算新點平面坐標之公式，並分析距離誤差及角度誤差於新點平面坐標誤差之影響。（25 分）

參考題解

如圖（a），設 A、B 二點為已知點，其三維坐標分別為 (N_A, E_A) 和 (N_B, E_B)，則施測步驟與相關計算公式說明如下：

（一）於已知點 A 架設全站儀並將水平度盤歸零並後視另一已知點 B。

（二）對新點 P 觀測得斜距 L、垂直角 α 和水平角 β。

（三）新點 P 之平面坐標計算如下：

1. 由 A、B 兩點坐標計算方位角：$\phi_{AB} = \tan^{-1}(\dfrac{E_B - E_A}{N_B - N_A})$　（判斷象限）

2. 計算測站 A 至地面特徵點 P 之方位角：$\phi_{AP} = \phi_{AB} + \theta$

3. 計算測站 A 至地面特徵點 P 之水平距離：$D = L \times \cos\alpha$

4. 計算地面特徵點 P 之平面坐標：$N_P = N_A + D \times \cos\phi_{AP}$

$$E_P = E_A + D \times \sin\phi_{AP}$$

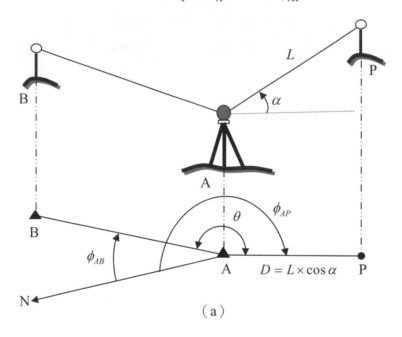

（a）

如圖（b），距離誤差及角度誤差於新點平面坐標誤差之影響分析如下：

若假設觀測量 D 和 θ 皆無誤差，則新點的正確位置為 P，然距離誤差 ε_d 會造成點位的縱向偏移量，將 P 推移至 P′；角度誤差 ε_θ 會造成點位的橫向偏移量 ε_s，再將 P′ 推移至 P″。故點位誤差為 $\overline{PP''}$ 則為：

$$\overline{PP''} = \sqrt{\varepsilon_d^2 + \varepsilon_s^2}$$

式中 $\varepsilon_s = D \times \dfrac{\varepsilon_\theta}{\rho''}$。又圖（b）中的 $\delta = \tan^{-1}\dfrac{\varepsilon_d}{\varepsilon_s}$，故 $\phi_{PP''} = \phi_{AP} + \delta$，因此對新點平面坐標誤差之影響為：

$$\Delta_N = \overline{PP''} \times \cos\phi_{PP''}$$
$$\Delta_N = \overline{PP''} \times \sin\phi_{PP''}$$

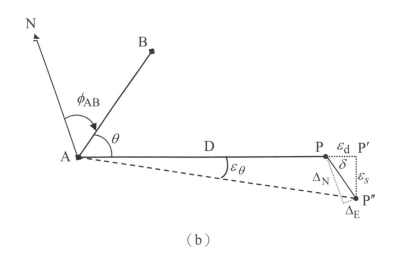

（b）

四、試說明全球定位系統（Global Positioning System, GPS）單點定位靜態測量之基本概念與
計算地面點三維坐標之觀測方程式。（25 分）

參考題解

GPS 單點定位靜態測量之基本概念是僅用一部衛星接收儀靜止在單一點位上進行定位。因衛星
的位置是已知的，在定位過程中相當於已知點，而 GPS 衛星定位則是利用測站（相當於未知點）
與數顆衛星之間的空間距離為觀測量，進而決定測站的點位坐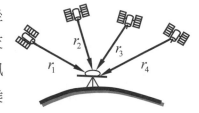
標，如右圖。故 GPS 衛星定位測量也可以說是空間距離的後方交
會定位。空間距離是根據 GPS 衛星訊號（載波相位訊號或電碼訊
號）獲知衛星訊號的傳播時間，則空間距離等於訊號傳播時間乘
以光速。

衛星定位需解算測點的三維坐標 (X_R, Y_R, Z_R) 和接收儀時錶誤差所造成的距離誤差量 Δr，因此至
少必須觀測四顆衛星的空間距離。設觀測得四顆衛星的空間距離為 r_1、r_2、r_3、r_4，各顆衛星已
知的空間直角坐標值為：(X_i, Y_i, Z_i)，$i = 1$、2、3、4，地面測站的空間直角坐標值為：
(X_R, Y_R, Z_R)，則空間距離方程式為：

$$r_1 + \Delta r = \sqrt{(X_1 - X_R)^2 + (Y_1 - Y_S)^2 + (Z_1 - Z_S)^2}$$
$$r_2 + \Delta r = \sqrt{(X_2 - X_R)^2 + (Y_2 - Y_S)^2 + (Z_2 - Z_S)^2}$$
$$r_3 + \Delta r = \sqrt{(X_3 - X_R)^2 + (Y_3 - Y_S)^2 + (Z_3 - Z_S)^2}$$
$$r_4 + \Delta r = \sqrt{(X_4 - X_R)^2 + (Y_4 - Y_S)^2 + (Z_4 - Z_S)^2}$$

107 年公務人員普通考試試題／土木施工學概要

一、預力混凝土橋梁上部結構施工法,可以分為預鑄與場鑄兩類方式。請各列舉一種工法並
說明其施工步驟,且比較預鑄與場鑄工法的優缺點。（25 分）

參考題解

（一）預力混凝土橋梁上構工法施工步驟:

　　1. 預鑄工法:

　　　　以「預鑄節塊吊裝工法－平衡懸臂法」為例:

　　　　（1）預鑄節塊生產。

　　　　（2）支撐架（柱頭相鄰節塊與邊跨）組立。

　　　　（3）吊放柱頭節塊及其相鄰節塊。

　　　　（4）吊放邊跨節塊。

　　　　（5）安放推進桁架。

　　　　（6）吊放標準跨其他節塊。

　　　　（7）吊放閉合節塊。

　　　　（8）推進桁架移動至下一跨。

　　　　（9）拆除支撐架。

　　　　節塊契合方式與預力鋼腱之配置方式,如下:

　　　　（1）柱頭節塊及其相鄰節塊:標示中心墨線,節塊穿臨時預力鋼棒,以鎖緊螺帽方
式移動兩相鄰節塊至適當距離（15~25cm）,塗環氧樹脂後,鎖固臨時預力鋼棒
並施加臨時預力。穿頂版永久預力鋼絞線,並施拉永久預力。

　　　　（2）邊跨節塊:將邊跨節塊逐塊吊放至支撐架上,並逐塊穿臨時預力鋼棒及塗環氧
樹脂,施加臨時預力,俟所有節塊完成後,穿頂版永久預力鋼絞線,並施拉永
久預力。

　　　　（3）標準跨其他節塊:同時兩側吊放節塊節塊,穿臨時預力鋼棒,以鎖緊螺帽方式
移動兩相鄰節塊至適當距離,塗環氧樹脂後,鎖固臨時預力鋼棒並施加臨時預
力,穿頂版永久預力鋼絞線,並施拉永久預力。

　　　　（4）閉合節塊:以鋼樑與臨時鋼棒固定,配置該跨底版永久預力鋼絞線,兩測空隙
以吊模封模,配置鋼筋並澆置混凝土,俟混凝土達到強度後,施拉該跨底版永
久預力。

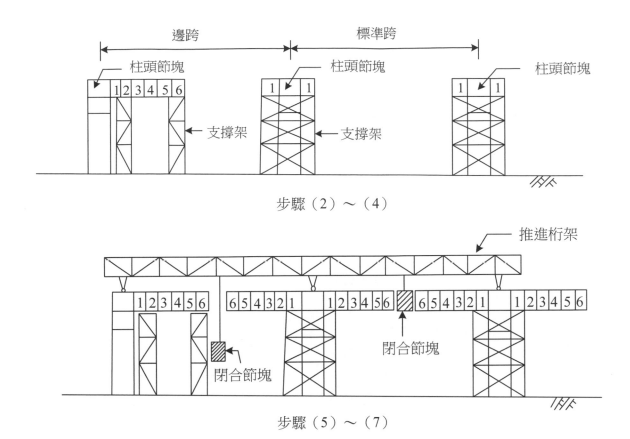

步驟（2）～（4）

步驟（5）～（7）

2. 場鑄工法：

    以「支撐先進工法」為例：

    （1）先裝設支撐鋼架，組立模板，澆置第一跨橋梁上構混凝土。

    （2）第一跨橋梁上構混凝土施預力。

    （3）支撐鋼架移至下一跨位置，完成第一跨隔梁，橋台橫梁及背牆澆置。

    （4）支撐鋼架調整固定，模板組立，並澆置第二跨橋梁上構混凝土。

    （5）第二跨橋梁上構混凝土施預力。

    （6）支撐鋼堆移至下一跨位置，澆置上一跨隔梁。

    （7）重複（4）、（5）、（6）作業至最後跨位置。

    （8）支撐鋼架調整固定，模板組立，並澆置最終跨橋梁上構混凝土。

    （9）最終跨橋梁上構混凝土施預力。

    （10）拆除支撐鋼架，模板及澆置最後跨隔梁混凝土。

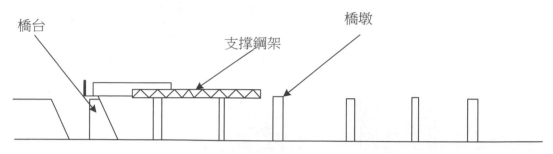

（二）優缺點：

分 類	優 點	缺 點
預鑄工法	1. 工期短，易管制。 2. 品質良好，管制容易。 3. 天候影響低。 4. 可大量節省支撐。 5. 施工人數少。	1. 需大能量起重設備。 2. 上構單元尺寸受輸送重量及體積受限制。 3. 施工要求精度高。 4. 工人技術需求較高。
場鑄工法	1. 不需大能量起重設備。 2. 上構單元尺寸較不受限制。 3. 施工精度要求較低。 4. 工人技術需求較低。	1. 工期較長。 2. 品質管制不易。 3. 天候影響大。 4. 支撐數量較多。 5. 施工人數較多。

二、結構物深基礎開挖施工階段，如遭遇高地下水位或湧水量較多時，經常採用那些排水工法？這些工法之目的在防止那些開挖工程災害？（25分）

參考題解

（一）排水工法種類：

1. 集水井排水法：

　　又稱集水坑排水法，於基地開挖底面周圍適當位置設置集水井（坑），利用邊溝、高程差等方法將開挖底面之地下水或湧水，以自流方式集中於集水井（坑）中，再以抽水泵抽水排出。屬於重力排水，簡單迅速。

2. 深井排水法：

　　於基地適當位置鑽井，設置具濾孔之鋼套管，以沉水泵置入預定水位面下（約 1m）抽水排出。亦屬重力排水，適用於滲透係數高之砂土層，通常本法井孔之孔徑、間距

與深度皆較大。

3. 點井排水法：

於基地開挖周圍間隔設置簡易井，埋設濾砂層與端部具過濾器之抽水管，抽水管連結至地表集水管且構成系統，以抽水泵抽水排出。本法屬真空強制排水，除砂土層外，亦適用於滲透係數較低之沉泥與黏土層，通常本法井孔之孔徑與深度較小，間距較密，多採用離心泵抽水。

4. 電氣滲透法：

於土層中設置正負電極，通電產生磁場效應，使水由陽極往陰極移動，並於陰極排水。本法亦屬強制排水，適用於滲透係數低之黏土層。

（二）可防止開挖工程災害：

1. 砂湧：對於透水性良好地盤，降低水位差，減少流砂由開挖面底部滲出。

2. 管湧：降低水力坡降，減少滲流由擋土壁帶出土壤顆粒現象。

3. 隆起：對於軟弱粘土地盤，降低水位，增加支持開挖背面土重粘土層之抗力，避免粘土塑性流動產生擠壓，使挖面底部向上隆起。

4. 擋土設施破壞：降低水位，減少擋土壁所承受水壓力與主動土壓力，防止擋土設施破壞。

5. 邊坡沖刷崩坍：對於採斜坡明塹擋土工法或山坡地工址，排水可降低水力坡降，減少坡面沖刷力，增加邊坡之穩定性，降低崩坍發生。

三、混凝土配比設計應考慮安全性、工作性、耐久性與經濟性等基本條件，請說明一般混凝土配比設計決定各個組成材料用量比例之步驟。（25分）

參考題解

一般混凝土配比設計，依 ACI 211 試拌配比法，步驟如下：

（一）材料與結構基本資料。

（二）決定配比目標強度 f_{cr}'，依下列二法之一決定配比目標強度：

1. 由統計學試驗數據分析法－有適當試驗紀錄。

2. 以規定值（超量設計值）計算配比目標強度－無適當試驗紀錄。

（三）選擇坍度：依構材種類、尺寸及施工需求而定。

（四）選用粗粒料標稱最大粒徑。

（五）估計混凝土之用水量 W_w 與含氣量 V_{air}：由粗粒料標稱最大粒徑與坍度、抵抗凍融需求而定。

（六）決定水灰比（w/c）或水膠比（w/b）：由強度與耐久性決定，取小值。

　　1. 由強度決定：由配比目標強度 f_{cr}' 求得。

　　2. 由耐久性決定：依暴露環境狀況與構材尺寸而定（依採用規範之規定）。

（七）計算水泥或膠結材之用量：由單位用水量除水灰比或水膠比求得。版用混凝土，不小於規定最少水泥或膠結材用量。

　　1. 未摻用卜作嵐材料：水泥用量 $W_C = W_W / (w/c)$

　　2. 摻用卜作嵐材料：

　　　膠結材用量 $W_B = W_W / (w/b) = W_C + W_P$

　　　卜作嵐材料用量 $W_P = F_W (W_C + W_P)$

　　　水泥用量 $W_C = (1 - F_W)(W_C + W_P)$ 或 $W_C = W_B - W_P$

　　　式中：

　　　F_W：卜作嵐材料取代水泥百分率（以重量百分率表示）（規範稱重量等價法）；以絕對體積百分率 F_V 表示者（規範稱絕對體積等價法），依下式改算為重量百分率 F_W。

$$F_w = \frac{1}{1 + \left(\dfrac{3.15}{G_P}\right)\left(\dfrac{1}{F_V} - 1\right)}$$

　　　G_P：卜作嵐材料比重。

（八）計算粗粒料材用量 W_G：由粗粒料標稱最大粒徑與細粒料細度模數估算乾搗粗粒料佔混凝土體積 b/b_0（查規範附表），再與爐乾粗粒料的搗實單位體積重 γ_G^* 及吸水率 ω_G，計算粗粒料用量 W_G。

　　　$W_G = (b/b_0) \times \gamma_G^* \times (1 + \omega_G)$

（九）計算單位體積之細粒料用量 W_S：

　　依下列二法之一決定細粒料用量：

　　1. 絕對體積法：計算水、膠結材與粗粒料絕對體積，再求得細粒料絕對體積 V_S 與細粒料用量 W_S。

　　　　$V_S = 1 - V_{air} - V_W - V_B - V_G$

　　　　$W_S = V_S G_S \gamma_w$

　　2. 重量法：由新拌混凝土單位重 U，減去水、膠結材與粗粒料重量，求得細粒料用量 W_S。

$$W_S = U - W_W - W_B - W_G$$

（十）工地配比調整：工地粒料含水狀況非 SSD 時，依粒料表面含水率 S，調整粒料用量及拌合水量。

    1. 粒料工地重 = 粒料 SSD 重 ×（1 + 表面水率）

    2. 水重 = 原設計水重 － Σ（粒料 SSD 重 × 表面水率）

（十一）試拌：依前述用量做試拌試驗，求出坍度、單位重、含氣量與修正。

ACI 211 試拌配比法流程圖，如下：

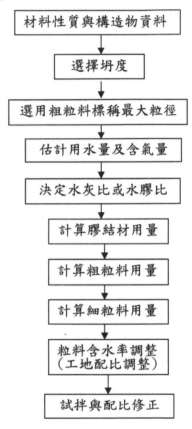

四、使用地工合成材料所構築之加勁擋土牆可應用於道路或邊坡工程。請繪圖說明此類加勁擋土牆之施工原理與方法，以及其優點。（25 分）

參考題解

（一）施工原理：於土層內置入加勁材，並與擋土設施聯結，以加勁材與土壤間之摩擦力來抵銷或減少擋土設施之側向主動土壓力。

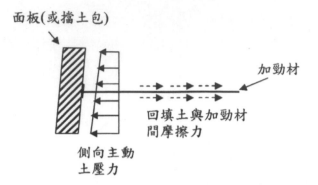

（二）施工方法：

　　1.　面版式加勁擋土牆：

　　　　（1）基礎開挖與整地。

　　　　（2）表牆基礎施作。

　　　　（3）面版組立。

　　　　（4）排水設施裝設（視設計）。

　　　　（5）背填土回填夯實（加勁材下方）。

　　　　（6）加勁材安裝。

　　　　（7）背填土回填夯實（加勁材上方）。

　　　　（8）繼續下一單元（上方）施作（重複步驟（3）～（7））。

　　　　（9）壁面植栽施作（視設計）。

　　　　（10）完成。

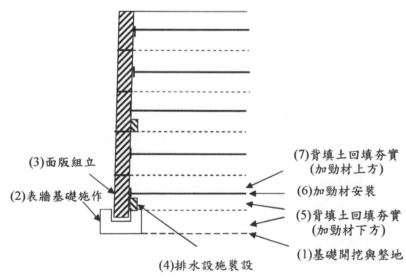

　　2.　回包式加勁擋土牆：

（1）基礎開挖與整地。

（2）擋土包堆置。

（3）加勁材（高分子格網）鋪設。

（4）排水設施裝設（視設計）。

（5）背填土回填夯實（至加勁材回包段下方）。

（6）加勁材（高分子格網）回包。

（7）背填土回填夯實（至下一單元加勁材下方）。

（8）繼續下一單元（上方）施作（重複步驟（3）～（7））。

（9）擋土包坡面植栽施作－以噴植最常用。

（10）完成。

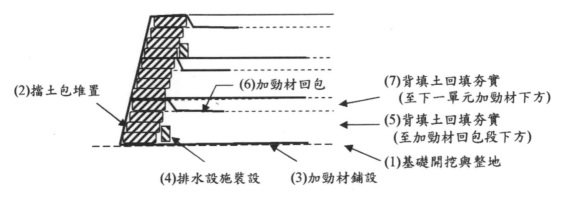

◎註：本子題可任擇一種類型作答。

（三）優點：

1. 用地面積少。

2. 可適用狹隘工址－可依地形變化施作，且施工空間需求低。

3. 軟弱地盤可適用－柔性構造物，沉陷易克服。

4. 抗震性高－柔性構造物，容許變形量大。

5. 施工進度快－施作簡易，不需大型或特殊機具。

6. 經濟性高－就地取材，成本低；單價受牆高影響小。

7. 施工公害少－低噪音與振動。

8. 美觀具生態性－牆面設計多元化，易植生綠化。

單元 **4**

土木技師專技高考

---

107 年專門職業及技術人員高等考試試題／
結構設計（包括鋼筋混凝土設計與鋼結構設計）

註：依據內政部 106.5.31 台內營字第 1060805829 號令修正之「混凝土結構設計規範」，及內政部 99.9.16 台內營字第 0990807042 號令修正之「鋼結構極限設計法規範及解說」。各題須按照上述規範設計，要明列計算過程，勿直接寫答案。計算過程每一個步驟的答案須按照指定單位作答，小數點後取兩位，第三位四捨五入，若已除盡不在此限。計算過程數值宜標示單位，以免單位換算錯誤，並須以#符號標示最終答案位置，違反上列規定不計分。

一、有一支矩形斷面單層鋼筋混凝土簡支梁，全跨度 $L_1 = 3$ 公尺，跨度中央有一垂直向下集中載重 P_u，矩形斷面寬 $b = 26$ 公分，全深 $h = 67$ 公分，$d = 60$ 公分，三支 D25 單層鋼筋配置於底部抗拉。D25 標稱直徑 2.54 公分，$f'_c = 210$ kgf/cm²，$f_y = 4200$ kgf/cm²，$E_s = 2.04 \times 10^6$ kgf/cm²。限用規範 3.3.6 混凝土壓應力之分布假設為矩形，以 $0.85 f'_c$ 分布於壓力區內，此壓力區以一與中性軸平行並距最大壓縮應變纖維 $a = \beta_1 c$ 之直線為界，c 為最外受壓纖維至中性軸之距離，若假設拉力筋已達降服應力 f_y，且混凝土最外受壓纖維 $\varepsilon_c < \varepsilon_u = 0.003$，若不考慮箍筋、鋼筋保護層厚度及鋼筋量與間距等限制規定，

（一）試算該梁所能承受之最大設計彎矩強度 ϕM_n 為多少 kgf-m？（15 分）

（二）若不計構件自重，試算該梁所能承受之最大 P_u 為多少 kgf？（5 分）

（三）限用設計載重之組合 $U = 1.4(D + F)$，若僅有靜載重 D，試算該梁所能承受之最大靜載重 D 為多少 kgf？（5 分）

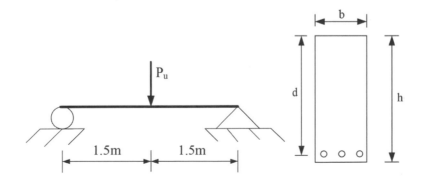

參考題解

（一）計算 ϕM_n

　　1.　$d = 60\ cm$

$$A_s = 3(5.067) \approx 15.2 \ cm^2$$

2. 中性軸位置：假設 $\varepsilon_s > \varepsilon_y$

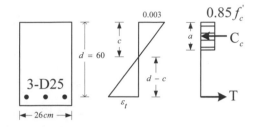

（1）$C_c = 0.85 f'_c ba = 0.85(210)(26)(0.85c)$

$\qquad = 3944.85c$

（2）$T = A_s f_y = 15.2(4200) = 63840 \ kgf$

（3）$C_c = T \Rightarrow 3944.85c = 63840$

$\qquad \therefore c \approx 16.18 \ cm$

（4）$\varepsilon_t = \dfrac{d-c}{c}(0.003) = \dfrac{60-16.18}{16.18}(0.003) = 8.12 \times 10^{-3} > \varepsilon_y \ (ok)$

3. ϕM_n

（1）$M_n = C_c\left(d - \dfrac{a}{2}\right) = 3944.85c\left(d - \dfrac{\beta_1 c}{2}\right) = 3944.85(16.18)\left(60 - \dfrac{0.85 \times 16.18}{2}\right)$

$\qquad = 3390749.39 \ kgf - cm \approx 33907.5 \ kgf - m$

（2）$\varepsilon_t > 0.005 \Rightarrow$ 拉力控制斷面

①折減係數：$\phi = 0.9$

②最大設計彎矩強度：$\phi M_n = 0.9(33907.5) \approx 30516.75 \ kgf - m$ #

（二）計算 P_u

1. 最大彎矩 $M_{\max} = \dfrac{1}{4}P_u L = \dfrac{1}{4}P_u(3) = M_u$

2. $M_u = \phi M_n \Rightarrow \dfrac{1}{4}P_u(3) = 30516.75 \ \therefore P_u = 40689 \ kgf$ #

（三）計算 D

$1.4D = P_u \Rightarrow 1.4D = 40689 \ \therefore D = 29063.57 \ kgf$

最大靜載重 $D = 29063.57 \ kgf$ #

二、有一支圓形斷面鋼筋混凝土支撐柱，直徑 38 公分，抗壓主筋有 7 支 D25 鋼筋，每支
鋼筋標稱面積 5.067 cm²，f_c' = 210 kgf/cm²，f_y = 4200 kgf/cm²，使用螺箍筋，若柱為壓
力控制斷面符合規範 3.4.3 規定，不考慮箍筋所占體積，假設保護層及規範 3.10.3 箍筋
之體積比等已符合規定。試算 $\phi \mathrm{P_{n,max}}$ 為多少 kgf？（25 分）
其中規範 3.4.6 規定 $P_{n,max} = 0.85[0.85 f_c'（A_g － A_{st}）＋ f_y A_{st}]$

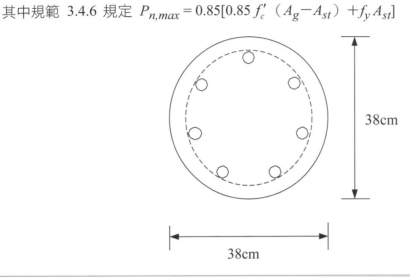

38cm

38cm

參考題解

（一）計算 A_g、A_{st}

$$A_g = \frac{\pi}{4} \times 38^2 = 1134.11 \ cm^2$$

$$A_{st} = 7 \times 5.067 = 35.47 \ cm^2$$

（二）計算 $P_{n,\max}$

$$P_{n,\max} = 0.85 \left[0.85 f_c^{'} \left(A_g - A_{st} \right) + f_{yt} A_{st} \right]$$

$$= 0.85 \left[0.85 \times 210 \left(1134.11 - 35.47 \right) + 4200 \times 35.47 \right]$$

$$= 293319.05 \ kgf$$

（三）$\phi P_{n,\max} = 0.7 \left(293319.05 \right) = 205323.34 \ kgf \ \#$

三、有一支寬翼斷面 W 型簡支鋼梁，跨度 2 公尺，全跨度有一垂直向下均布載重 w_u，鋼材 $F_y = 2.5$ tf/cm^2，梁截面 $r_x = 9.45$ cm，$r_y = 5.38$ cm，$Z_x = 1150.37$ cm^3，$Z_y = 535.86$ cm^3，$L_p = \dfrac{80r_y}{\sqrt{F_{yf}}}$。假設此梁不允許側向水平位移，也不會側彎扭轉挫屈，亦即無整體穩定問題，鋼鈑無局部穩定問題，此型鋼為結實斷面，繞強軸彎曲。（一）試算此鋼梁的設計撓曲強度 $\phi_b M_n$ 為多少 kgf-cm？（15 分）（二）若不計構件自重，試算該梁所能承受之最大 w_u 為多少 kgf/cm？（10 分）

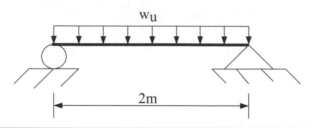

參考題解

（一）求設計撓曲強度 $\phi_b M_n$

1. 檢核斷面肢材結實性，確認是否符合結實斷面

   題示鋼板無局部穩定問題，故不必檢核斷面肢材結實性。

2. 檢核結構側向支撐條件

   題示鋼梁不會產生側向扭轉挫屈，代表梁桿件斷面到達塑性彎矩強度 M_p 時，尚不發生側向扭轉挫屈。

3. 計算標稱彎矩強度 M_n

   $M_n = M_p$

   $F_y = 2.5 \ tf/cm^2 = 2500 \ kgf/cm^2$

   $M_p = F_y Z_x = 2500 \times 1150.37 = 2875925 \ kgf - cm$

4. 計算設計撓曲強度 $\phi_b M_n$

   $\phi_b M_n = 0.9 \times 2875925 = 2588332.5 \ kgf - cm$　#

（二）求最大係數化均佈載重 w_u

1. 結構分析

   $M_u = \dfrac{1}{8} w_u L^2 = \dfrac{1}{8} \times w_u \times 200^2 = 5000 w_u \ kgf - cm$

2. $\phi_b M_n \geq M_u$

$\Rightarrow 2588332.5 \geq 5000w_u$

$\Rightarrow w_u \leq 517.67 \ kgf/cm \quad \#$

四、某對稱結實斷面的 W 型鋼構材如圖所示，承受彎矩與軸力交互作用，其一端為鉸接，另一端為滾支撐，長度 L_b = 430 cm，E = 2040 tf/cm²，F_y = 2.536 tf/cm²，此構材兩端不允許有側位移，此構材承受係數化軸壓力 P_u = 449 tf，兩端 承受相等但方向相反的一階彎矩 M_{nt}，故此構材為單曲率彎曲，其中繞 X 軸之彎矩 M_{ntx} = 2278000 kgf-cm，繞 Y 軸之彎矩 M_{nty} = 1585000 kgf-cm，此構材兩端點之間沒有承受任何橫向載重。

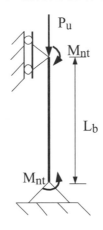

此構材的基本資料如下：

L_p = 480 cm，r_x = 15.95 cm，r_y = 9.55 cm，A_g = 250.32 cm²，I_x = 63683 cm⁴，I_y = 22809 cm⁴，Z_x = 3835 cm³，Z_y = 1852 cm³，使用極限設計法（主要公式如下），（一）計算 M_{ux} 為多少 kgf-cm？（5 分）（二）M_{uy} 為多少 kgf-cm？（5 分）（三）核算此構材方程式（8.2-1a）或（8.2-1b）應小於或等於 1 的數值為多少？（15 分）

$$P_n = A_g F_{cr}，\lambda_c = \frac{KL}{\pi r}\sqrt{\frac{F_y}{E}}$$

當 $\lambda_c \leq 1.5$ 則 $F_{cr} = [\exp(-0.419\lambda_c^2)]F_y$ ；當 $\lambda_c > 1.5$ 則 $F_{cr} = [\frac{0.877}{\lambda_c^2}]F_y$

若 $\frac{P_u}{\phi_c P_n} \geq 0.2$ ；$\dfrac{P_u}{\phi_c P_n} + \dfrac{8}{9}\left(\dfrac{M_{ux}}{\phi_b M_{nx}} + \dfrac{M_{uy}}{\phi_b M_{ny}}\right) \leq 1.0$ （8.2-1a）

若 $\frac{P_u}{\phi_c P_n} < 0.2$ ；$\dfrac{P_u}{2\phi_c P_n} + \left(\dfrac{M_{ux}}{\phi_b M_{nx}} + \dfrac{M_{uy}}{\phi_b M_{ny}}\right) \leq 1.0$ （8.2-1b）

$M_u = B_1 M_{NT} + B_2 M_{LT}$ ；

$$B_1 = \frac{0.64}{1 - \dfrac{P_u}{P_{e1}}} \left[1 - \frac{M_1}{M_2} \right] + 0.32 \frac{M_1}{M_2} \geq 1.0 \; ; \; P_{e1} = \frac{A_g F_y}{(\lambda_c)^2} = \frac{\pi^2 EI}{(K_1 L)^2}$$

$$B_2 = \frac{1}{1 - \dfrac{\sum P_u}{\sum P_{e2}}} \; ; \; P_{e2} = \frac{\pi^2 EI}{(K_2 L)^2}$$

參考題解

（一）計算強軸需求撓曲強度 M_{ux}

1. M_{ux}

   無側移構架：$M_{ux} = B_{1,x} M_{ntx} + B_{2,x} M_{\ell tx}^{\;\;0} = B_{1,x} M_{ntx}$

   （1）$M_{ntx} = 2278000 \; kgf - cm$

   （2）$B_{1,x}$

   無橫向載重，兩端有端彎矩：$B_{1,x} = \dfrac{0.64}{1 - \dfrac{P_u}{P_{e1,x}}} \left[1 - \dfrac{M_{1,x}}{M_{2,x}} \right] + 0.32 \dfrac{M_{1,x}}{M_{2,x}} \geq 1.0$

   ① $M_{1,x} = 2278000 \; kgf - cm$ ， $M_{2,x} = 2278000 \; kgf - cm$

   單曲率：$\dfrac{M_{1,x}}{M_{2,x}} = -\dfrac{2278000}{2278000} = -1$

   ② $P_{e1,x} = \dfrac{A_g F_y}{\lambda_{cx}^2}$

   題示梁柱桿件之結構形式為兩端簡支，因此 $K_x = 1.0$ 代入計算

   $F_y = 2.536 \; tf/cm^2 = 2536 \; kgf/cm^2$

   $E = 2040 \; tf/cm^2 = 2040000 \; kgf/cm^2$

   $\therefore \lambda_{cx} = \dfrac{K_x L}{\pi r_x} \sqrt{\dfrac{F_y}{E}} = \dfrac{1.0 \times 430}{\pi \times 15.95} \times \sqrt{\dfrac{2536}{2040000}} = 0.30$

   $\Rightarrow P_{e1,x} = \dfrac{A_g F_y}{\lambda_{cx}^2} = \dfrac{250.32 \times 2536}{0.30^2} = 7053461.33 \; kgf$

   ③ $P_u = 449 \; tf = 449000 \; kgf$

$$\Rightarrow B_{1,x} = \frac{0.64}{1-\dfrac{P_u}{P_{e1,x}}}\left[1-\frac{M_{1,x}}{M_{2,x}}\right] + 0.32\frac{M_{1,x}}{M_{2,x}} = \frac{0.64}{1-\dfrac{449000}{7053461.33}}\left[1-(-1)\right] + 0.32\times(-1)$$

$$= 1.05$$

1.05 > 1.0　OK!

（3）$M_{ux} = B_{1,x}M_{nt,x} = 1.05\times 2278000 = 2391900\ kgf-cm$ #

（二）計算弱軸需求撓曲強度 M_{uy}

1.　M_{uy}

無側移構架：$M_{uy} = B_{1,y}M_{nty} + B_{2,y}M_{\ell ty}^{\,0} = B_{1,y}M_{nty}$

（1）$M_{nty} = 1585000\ kgf-cm$

（2）$B_{1,y}$

無橫向載重，兩端有端彎矩：$B_{1,y} = \dfrac{0.64}{1-\dfrac{P_u}{P_{e1,y}}}\left[1-\dfrac{M_{1,y}}{M_{2,y}}\right] + 0.32\dfrac{M_{1,y}}{M_{2,y}} \geq 1.0$

① $M_{1,y} = 1585000\ kgf-cm$ ，$M_{2,y} = 1585000\ kgf-cm$

單曲率：$\dfrac{M_{1,y}}{M_{2,y}} = -\dfrac{1585000}{1585000} = -1$

② $P_{e1,y} = \dfrac{A_g F_y}{\lambda_{cy}^2}$

題示梁柱桿件之結構形式為兩端簡支，因此 $K_y = 1.0$ 代入計算

$$\therefore \lambda_{cy} = \frac{K_y L}{\pi r_y}\sqrt{\frac{F_y}{E}} = \frac{1.0\times 430}{\pi\times 9.55}\times\sqrt{\frac{2536}{2040000}} = 0.51$$

$$\Rightarrow P_{e1,y} = \frac{A_g F_y}{\lambda_{cy}^2} = \frac{250.32\times 2536}{0.51^2} = 2440644.06\ kgf$$

③ $P_u = 449\ tf = 449000\ kgf$

$$\Rightarrow B_{1,y} = \frac{0.64}{1-\dfrac{P_u}{P_{e1,y}}}\left[1-\frac{M_{1,y}}{M_{2,y}}\right] + 0.32\frac{M_{1,y}}{M_{2,y}} = \frac{0.64}{1-\dfrac{449000}{2440644.06}}\left[1-(-1)\right] + 0.32\times(-1)$$

$$= 1.25$$

1.25 > 1.0　OK！

（3）$M_{uy} = B_{1,y}M_{nty} = 1.25\times 1585000 = 1981250\ kgf-cm$ #

（三）檢核梁柱桿件需求強度比

1. 檢核桿件軸力穩定性，確認屬於大軸力或小軸力

（1）檢核斷面肢材結實性，確認是否符合半結實斷面

題示斷面為結實斷面，故無需檢核肢材結實性

（2）計算細長比

①強軸向（x 向）

$K_x = 1.0$ ， $L = 430 \ cm$

$\dfrac{K_x L}{r_x} = \dfrac{1.0 \times 430}{15.95} = 26.96$

②弱軸向（y 向）

$K_y = 1.0$ ， $L = 430 \ cm$

$\dfrac{K_y L_y}{r_y} = \dfrac{1.0 \times 430}{9.55} = 45.03$

③比較細長比

$$\dfrac{KL}{r} = \left(\dfrac{K_x L}{r_x} \ , \ \dfrac{K_y L}{r_y} \right)_{max} = \left(26.96 \ , \ 45.03 \right)_{max}$$

$$= 45.03$$

$\therefore$ 挫屈發生在的弱軸向（y 向）

（3）判斷壓力桿件挫屈型態

①計算 λ_c

$\lambda_c = \lambda_{cy} = 0.51$

②檢核 $\lambda_c \leq 1.5$，判斷挫屈型態

$0.51 < 1.5 \ \Rightarrow$ 非彈性挫屈 $\therefore F_{cr} = e^{-0.419\lambda_c^2} \cdot F_y$

（4）計算 $\phi_c P_n$

① $F_{cr} = e^{-0.419\lambda_c^2} \cdot F_y = e^{-0.419 \cdot 0.51^2} \times 2536 = 2274.15 \ kgf / cm^2$

② $P_n = F_{cr} \cdot A = 2274.15 \times 250.32 = 569265.23 \ kgf$

③ $\phi_c P_n = 0.85 \times 569265.23 = 483875.45 \ kgf$

（5）檢核 $\dfrac{P_u}{\phi P_n} \geq 0.2$ ，確認梁柱桿件屬於大軸力或小軸力

① $P_u = 449000 \ kgf$

②計算 $\dfrac{P_u}{\phi_c P_n}$

$$\dfrac{P_u}{\phi_c P_n} = \dfrac{449000}{483875.45} = 0.93 > 0.2 \therefore \ 屬於大軸力梁柱桿件$$

需求強度比採用公式： $\dfrac{P_u}{\phi P_n} + \dfrac{8}{9}\left[\dfrac{M_{ux}}{\phi_b M_{nx}} + \dfrac{M_{uy}}{\phi_b M_{ny}}\right] \leq 1.0$

2. 計算強軸設計彎矩強度 $\phi_b M_{nx}$

   （1）檢核斷面肢材結實性，確認是否符合結實斷面

   　　題示斷面為結實斷面，故無需檢核肢材結實性

   （2）檢核結構側向支撐條件

   　　$L_b = 430 \ cm$ ，題示 $L_p = 480 \ cm$

   　　$\Rightarrow L_b < L_p$ ，故當斷面到達塑性彎矩強度 M_p 時，尚不發生側向扭轉挫屈。

   （3）計算強軸標稱彎矩強度 M_{nx}

   　　$M_{nx} = M_{px} = F_y Z_x = 2536 \times 3835 = 9725560 \ kgf-cm$

   （4）計算強軸設計彎矩強度 $\phi_b M_{nx}$

   　　$\phi_b M_{nx} = 0.9 \times 9725560 = 8753004 \ kgf-cm$

3. 計算弱軸設計彎矩強度 $\phi_b M_{ny}$

   （1）計算弱軸標稱彎矩強度 M_{ny}

   　　$M_{ny} = M_{py} = F_y Z_y = 2536 \times 1852 = 4696672 \ kgf-cm$

   　　檢核 $M_{ny} = M_{py} \leq 1.5 M_y = 1.5 F_y S_y$ ，但因題目未給定 S_y ，故在此不檢核。

   （2）計算弱軸設計彎矩強度 $\phi_b M_{ny}$

   　　$\phi_b M_{ny} = 0.9 \times 4696672 = 4227004.8 \ kgf-cm$

4. 檢核梁柱桿件需求強度比

$$\dfrac{P_u}{\phi P_n} + \dfrac{8}{9}\left[\dfrac{M_{ux}}{\phi_b M_{nx}} + \dfrac{M_{uy}}{\phi_b M_{ny}}\right] \leq 1.0$$

$$\Rightarrow 0.93 + \dfrac{8}{9} \times \left[\dfrac{2391900}{8753004} + \dfrac{1981250}{4227004.8}\right] = 1.59 \quad \#$$

107 年專門職業及技術人員高等考試試題／
施工法（包括土木、建築施工法與工程材料）

一、鋼筋混凝土工程於模板組立、鋼筋綁紮與混凝土澆置等工項之施作，常因故產生相關品質缺失。請依據鋼筋混凝土工程之理論與實務，說明混凝土產生蜂窩、孔洞及冷縫之成因。（20 分）

參考題解

（一）蜂窩成因：

1. 混凝土配比：

（1）漿量過少；（2）坍度過低，流動性不足。

2. 混凝土澆置：

（1）卸料落距過大，產生材料分離；（2）窗等開口下側邊緣混凝土未分段施作。

3. 混凝土搗實：搗實作業不足，留存過多空氣於表面。

4. 鋼筋配置：

（1）間距過密；（2）保護層過小。

5. 模板組拆：

（1）襯板未徹底施塗脫模劑；（2）過早拆模；（3）襯板未緊密產生漏漿。

（二）孔洞成因：

1. 混凝土搗實作業漏作。

2. 窗等開口下側邊緣混凝土未分段施作，轉角不易搗實。

3. 鋼筋配置間距過密，搗實不易施作。

（三）冷縫成因：

1. 混凝土澆置間隔過久或澆置速率過慢。

2. 烈日、氣溫過高或風速大，使水份蒸發過快。

3. 新拌混凝土溫度過高。

註：依「結構混凝土施工規範」第 10.1 條解說：

「蜂窩」係指混凝土表面缺水泥漿，形成數量或多或少的孔洞，大小如蜂窩，形狀不規則，露出石子深度大於 5 mm，深度不及主筋，但可能使箍筋露出。「孔洞」係指混凝土表面有超過保護層厚度之孔，但不超過斷面尺寸 1/3 的缺陷，為嚴重的缺陷。

二、柔性鋪面道路工程，由級配料層至面層，皆須透過各種試驗，以確保施工品質。請依據柔性鋪面道路工程之理論與實務，回答下列問題：

（一）判斷瀝青物性之常用試驗包括針入度、黏滯度、閃火點、軟化點、延展性及比重試驗等。請說明進行針入度試驗之目的為何？（10 分）

（二）某一針入度試驗，針貫入試體深度為 1 公分，則瀝青之針入度值為多少（除回答數值外，請說明緣由）？（10 分）

參考題解

（一）針入度試驗目的：

針入度試驗係以一標準針頭在規定溫度、重量及時間下，垂直貫入瀝青之深度（以 1/100 cm 為單位）。測試條件有：0℃，200g，60sec；25℃，100g，5sec 與 46℃，50g，5sec 等三種（其中以 25℃，100g，5sec 最常用）。其試驗目的如下：

1. 確定瀝青材料之稠度與軟硬程度（針入度小表示瀝青材料質硬；反之質軟）。

2. 作為瀝青材料等級（規格）與分類依據。

（二）針入度試驗計算：

1. 針貫入試體深度為 1 公分，則瀝青之針入度值為：

   1cm /（1/100cm）= 100。

2. 緣由：依「CNS 10090 K6755 瀝青物針入度試驗法」中對針入度定義為：瀝青質之針入度乃是在已知載重，時間及溫度條件下，以標準針穿入該瀝青質之深度，以 1/10 毫米（0.1mm）為單位。

三、混凝土與水泥砂漿為常用的營建材料，請依據混凝土與水泥砂漿相關知識，回答下列問題：

（一）過去水泥砂漿多需在現場拌和，易造成品質不穩定與環境污染等問題。近年來乾拌水泥砂（或稱乾拌砂）因易於使用與品質穩定，其已逐步取代現場拌和之水泥砂漿。請說明乾拌水泥砂的定義、特性與使用方式。（10分）

（二）某混凝土配比設計，選用之水灰比為 0.43，若此批混凝土共計使用 20 包袋裝水泥（每袋 50 公斤），請計算與說明此批混凝土共需使用幾公斤拌合水（列出計算式）？（10分）

參考題解

（一）乾拌水泥砂的定義、特性與使用方式：

1. 定義：依「CNS 15517 A2299 普通預拌乾混水泥砂漿料」中對乾拌水泥砂（CNS 稱為普通預拌乾混水泥砂漿料，簡稱乾混水泥砂漿料）定義為：

    係經乾燥篩分處理之細粒料與水泥，以及根據性能確定之各種組成分，按一定比例在專業生產工廠預先拌勻、混合而成之即用材料，在使用場合只要按規定比例加水或配套液體，拌合後即可使用之乾混拌合物。

2. 特性：

    （1）現場拌合作業少：現場僅需濕拌，節省勞工、施工快，環境污染問題小。

    （2）專業工廠預拌生產：品質均勻穩定。

    （3）袋裝供料方式：材料成本較高，但廢料少（易控制進料，未開封餘料易轉用），現場環境污染少。

3. 使用方式：使用場合只要按規定比例（適量）加水或配套液體，直接拌合使用。

（二）拌合水量：

w/c = Ww/Wc ⇨ Ww = Wc （w/c）

式中：

水灰比 w/c = 0.43，水泥量 Wc = 50kg／袋×20 袋 = 1000kg

∴拌合水量 Ww = 1000 kg×0.43 = 430 kg

四、隧道為鐵公路系統之主要設施之一，請依據隧道工程之理論與實務，說明於隧道工程使用微型樁之原因與微型樁的基本施作步驟。（20 分）

參考題解

（一）使用微型樁之原因：微型樁係於破碎性的地盤上，由地表向下以群樁方式，通過隧道上方（頂拱）與側面（側拱）外圍區域之地層裂隙或節理，交叉網狀佈設施作，強化隧道周邊地盤，提高隧道開挖安全性。因此隧道工程使用微型樁之原因如下：

1. 可交叉網狀佈設，能有效處理工址複雜分佈之節理與裂縫。

2. 樁徑小且施工容易，耗時少。

3. 樁徑固定，灌漿材料不浪費。

4. 灌漿材料不滲流，環保性高。

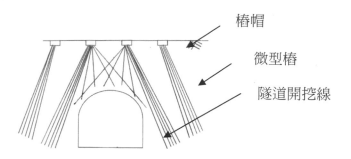

椿帽

微型椿

隧道開挖線

（二）基本施作步驟：

1. 場地整理。

2. 椿位放樣。

3. 鑽孔機定位。

4. 鑽孔作業（旋轉或衝擊）。

5. 洗孔（採衝擊式鑽孔）。

6. 保護套管插入。

7. 灌漿（水泥砂漿或水泥漿）。

8. 套管拔除。

9. 補強材（鋼筋籠、型鋼或高拉力鋼棒）置入。

10. 養護。

11. 椿頭處理。

12. 椿帽或基礎施作。

註：微型椿亦有採補強材與套管同時置入再灌漿。

五、建築基礎因地震等等因素而損壞時，請說明基礎損害後常用之基礎修復補強技術。（20分）

參考題解

（一）擴座法：擴大原有基礎之尺寸。

（二）增設基椿、基腳法：基椿發生損傷或殘留變形時，增設基椿（基腳視需要擴座）及基腳，以增加基礎承載力。

（三）混凝土加固法：對有因沖刷引起基礎承載力不足疑慮之工址，於基礎四周澆置混凝土予以加固，恢復其承載力。

（四）托底換底法：以托底工法更換產生嚴重損害基礎。

（五）增設地下連續壁或地梁法：以地下連續壁或地梁連結各基礎，以分散應力，提升基礎整體穩定性。

（六）外側圍束法：於基礎外圍打設鋼板樁或排樁（以鋼管樁最常用），與原有基礎結合為一體，以提高基礎承載力及水平抗力。

（七）地盤改良法：以地盤改良材強化基礎四周地盤，增加基礎承載力與水平抗力。

（八）地錨法：基礎外側原有擋土牆產生側向位移或傾斜時，打設地錨藉以穩定擋土牆體，恢復原有基礎側向穩定性。

107 年專門職業及技術人員高等考試試題／ 大地工程學（包括土壤力學、基礎工程與工程地質）

一、請試述下列名詞之意涵：（每小題 5 分，共 25 分）

（一）SPT－$(N_1)_{60,cs}$（Corrected N）

（二）大地應力（Tectonic stress）

（三）混同層（Melange）

（四）消散耐久性試驗（Slake durability test）

（五）岩爆（Rock burst）

參考題解

（一）$(N_1)_{60}$係鑽桿能量比為 60%標準落錘能量且修正至有效覆土應力為$1kgf/cm^2$之SPT－N值（基礎規範）。另下標 $_{cs}$係指 clean sand，$(N_1)_{60,cs}$為乾淨砂（FC≦5%）之$(N_1)_{60}$值，可將細料含量較高之$(N_1)_{60}$值轉換成等效的乾淨砂$(N_1)_{60,cs}$值，主要用於液化評估時考量細料含量（FC, fines content）影響。

（二）大地應力係指作用於具相當規模範圍之區域性地中應力，為該區域內主要地質構造組合及變形特徵的原動力，如台灣本島的大地應力為菲律賓板塊擠壓歐亞板塊，主應力方向概略為東南-西北方向。

（三）在板塊邊緣受到地殼間擠壓推擠的作用，岩體產生劇烈的破裂及變形，原先的層序完全破壞，缺乏連續的層面並夾雜大小不一破碎的岩塊，構造複雜難以分層，稱之為混同層（Melange）。

（四）岩石在自然環境中因乾濕及溫度變化等因素影響，造成裂隙及強度變低，消散耐久性試驗（Slake durability test）為用標準的乾濕循環及滾輪作用進行試驗，評估岩石之消散耐久性指數，以了解岩石經過乾濕及溫差反覆作用下，抵抗弱化與崩壞的能力。

（五）高強度岩體在高覆蓋、高的大地應力作用下，因開挖解壓（如隧道開挖），應力重新調整分配下，導致岩體儲存之應變能從開挖處之岩壁突然釋放，造成岩塊破裂並劇烈破壞飛出的現象，稱為岩爆（Rock burst）。

二、某工址鑽探調查孔物理性質試驗表部分資料如下表所示：

取樣深度（m）	標準貫入試驗			粒徑分析（%）				含水量（%）	液性限度（%）	塑性限度（%）	比重	單位重 kN/m³
	15cm	15cm	15cm	礫石	砂	粉土	黏土					
1	4	5	6	1	85	14	0	24	-	-	2.71	19
2	1	1	2	0	5	53	42	19	20	14	2.70	18
3	1	2	2	0	1	39	60	35	39	20	2.68	18

請依據上述資料回答以下問題：

（一）說明標準貫入深度試驗並計算 1 公尺深度之 SPT－N 值。（5 分）

（二）計算 2 公尺深度取樣土壤之塑性指數並說明其統一土壤分類符號。（10 分）

（三）計算 3 公尺深度取樣土壤之孔隙比及飽和度。（10 分）

參考題解

（一）標準貫入試驗（SPT）：以 63.5kg（140 磅）重的夯錘（hammer），落距 76.2cm（30in），打擊劈管取樣器（standard split-spoon sampler）貫入土層 45cm（或打擊數達 100 次為止），每循環打擊分三段（每段 15cm）記錄次數，後二段（30cm）之打擊次數總合即為 SPT－N 值。1 公尺深度之 SPT－N 值為 11。

（二）2 公尺深度取樣土壤，塑性指數 $PI = LL - PL = 20 - 14 = 6$

　　　A－Line：$PI = 0.73(LL - 20) = 0.73(20 - 20) = 0$，在 A－Line 上方

　　　$4 \leq PI = 6 \leq 7$，落在塑性圖陰影區中，

　　　依統一土壤分類為 $CL - ML$（低塑性粉土質黏土或低塑性黏土質粉土）

（三）3 公尺深度取樣土壤，由 $\frac{\gamma_m}{1+w} = \frac{\gamma_s}{1+e}$，

　　　將數據代入，$\frac{18}{1+0.35} = \frac{2.68 \times 9.8}{1+e}$，得孔隙比 $e = 0.97$

　　　$w = \frac{S \times e}{G_s}$，$0.35 = \frac{S \times 0.97}{2.68}$，得飽和度 $S = 96.7\%$

三、滲流試驗剖面如圖所示，其中三種不同土層，每層 200mm 長，斷面直徑 150mm，在土壤變化處設置水壓計 A 及 B，試體兩端水頭差h為 500mm，三種土壤之孔隙率（n）與滲透係數（k）分別為

Soil I：$n = 0.5, k = 5 \times 10^{-3}(cm/sec)$；Soil II：$n = 0.6, k = 5 \times 10^{-2}(cm/sec)$；

Soil III：$n = 0.4, k = 5 \times 10^{-4}(cm/sec)$

（一）決定每小時流經此試體之水量。（5 分）

（二）以下游出口處水位為基線，決定土壤 I 出口處之壓力水頭及總水頭。（10 分）

（三）決定水壓計 B 之水柱高度及土壤III之滲流速度（seepage velocity）。（10 分）

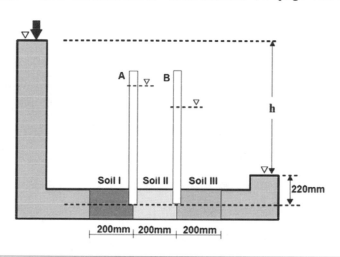

參考題解

（一）題意給斷面直徑D，設滲流管為圓管，面積 $A = \pi D^2/4 = \pi \times 15^2/4 = 176.7cm^2$

垂直水流等效滲透係數 $k_{eq} = \dfrac{L}{\frac{L_1}{k_1}+\frac{L_2}{k_2}+\frac{L_3}{k_3}} = \dfrac{60}{\frac{20}{5\times10^{-3}}+\frac{20}{5\times10^{-2}}+\frac{20}{5\times10^{-4}}} = 1.35 \times 10^{-3} \ cm/sec$

滲流量 $Q = k_{eq}iA = 1.35 \times 10^{-3} \times \frac{50}{60} \times 176.7 = 0.199 \ cm^3/sec$

得滲流量 $Q = 716.4 \ cm^3/hr$

（二）流過各土層流量相同 $Q_1 = Q_2 = Q_3$，$k_1 i_1 = k_2 i_2 = k_3 i_3$

總水頭損失為各層損失相加 $h = \Delta h_1 + \Delta h_2 + \Delta h_2 = i_1 L_1 + i_2 L_2 + i_3 L_3$

$$h = i_1 L_1 + \frac{k_1}{k_2} i_1 L_2 + \frac{k_1}{k_3} i_1 L_3 \ , \ 50 = i_1 \times 20 + \frac{5\times10^{-3}}{5\times10^{-2}} i_1 \times 20 + \frac{5\times10^{-3}}{5\times10^{-4}} i_1 \times 20$$

得 $i_1 = 0.2252$，$i_2 = 0.02252$，$i_3 = 2.252$；

得 $\Delta h_1 = 4.50cm$，$\Delta h_2 = 0.450cm$，$\Delta h_3 = 45.05cm$

下游出口處水位為基線（datum），該處位置水頭 $h_e = 0$

以土壤 I 出口處中間位置（水壓計 A 底部，管中央位置）計算壓力水頭

該處位置水頭 $h_e = -22cm$；壓力水頭 $h_p = 50 + 22 - 4.50 = 67.5cm$

$h_t = h_p + h_e$，得總水頭 $h_t = 67.5 - 22 = 45.5cm$

（三）水壓計 B 之水柱高度 $h = h_p = 50 + 22 - 4.5 - 0.45 = 67.05cm$

土壤III之滲流速度（seepage velocity）$v_s = \dfrac{v}{n}$，

$$v = ki = 5 \times 10^{-4} \times \frac{45.05}{20} = 1.126 \times 10^{-3} \text{ cm/sec}$$

得滲流速度

$$v_s = \frac{v}{n} = \frac{1.126 \times 10^{-3}}{0.4} = 2.815 \times 10^{-3} \text{ cm/sec}$$

四、某填海造地之離岸人工島面積約為 500 公頃，此人工島基地之平均海水深度為 18 公尺，基於沉陷量考量填土高度為 33 公尺，回填土乾單位重及飽和單位重分別為$20.0\,kN/m^3$及$22.0\,kN/m^3$，海床底下有 50 公尺海積黏土，海積黏土層之下為砂性土壤。假設海水單位重為$10.0\,kN/m^3$，海積黏土層之飽和單位重(γ_{sat})為$15.0\,kN/m^3$，孔隙比(e_0)為 2.35，液性限度為90%，塑性限度為35%，壓縮指數(C_c)為 0.72，再壓指數(C_r)為壓縮指數(C_c)的十分之一，二次壓縮指數(C_α)為壓縮指數(C_c)的百分之五，過壓密比(OCR)為 2.0。假設忽略填土過程之影響，請問：

（一）造地完成後此層海積黏土產生之主壓密沉陷量為何？（15 分）

（二）若主壓密完成時間為 5 年，則 20 年後二次壓密沉陷量為何？（10 分）

參考題解

（一）填土區域達 500 公頃，應屬廣大面積加載，設對填土下方之海積黏土產生均勻且一致應力增量，另假設填土後，海水深度維持不變且地下水位與其深度位置相同，及不考慮毛細現象對回填土的影響，水位以上為乾單位重，以下為飽和單位重。

取海積黏土中間計算壓密沉陷量，

回填前有效應力 $\sigma'_0 = 25 \times (15 - 10) = 125\,kN/m^2$

$OCR = 2$，得 $\sigma'_c = 125 \times 2 = 250\,kN/m^2$

回填土後，有效應力增量 $\Delta\sigma' = 20 \times (33 - 18) + (22 - 10) \times 18 = 516\,kN/m^2$

$$(\sigma'_0 + \Delta\sigma') > \sigma'_c \,，\, \Delta H = H_0 \frac{C_r}{1+e_0} \log \frac{\sigma'_c}{\sigma'_0} + H_0 \frac{C_c}{1+e_0} \log \frac{(\sigma'_0 + \Delta\sigma')}{\sigma'_c}$$

$C_c = 0.72$，$C_r = 0.1 \times 0.72 = 0.072$

$$\Delta H = 50 \frac{0.072}{1 + 2.35} \log \frac{250}{125} + 50 \frac{0.72}{1 + 2.35} \log \frac{(125 + 516)}{250} = 4.717m$$

造地完成海積黏土產生之主壓密沉陷量 $\Delta H = 4.717m$

（二）二次壓縮指數 $C_\alpha = 0.05 \times 0.72 = 0.036$

$$\Delta H_2 = H_0 \frac{C_\alpha}{1 + e_0} log \left(\frac{t}{t_p} \right) = 50 \frac{0.036}{1 + 2.35} log \left(\frac{20}{5} \right) = 0.323m$$

20 年後二次壓密沉陷量 $\Delta H_2 = 0.323m$

107 年專門職業及技術人員高等考試試題／工程測量（包括平面測量與施工測量）

一、在一個導線網中，採用測角以及測距來計算網中各點位置，假設僅考慮儀器之隨機觀測誤差，請說明有那些因素會影響測量成果品質？（25 分）

參考題解

在導線網中，儀器之隨機觀測誤差是反映在角度和距離二個觀測量中，茲以經緯儀和相位式電子測距儀為測角及測距的儀器來說明會影響測量成果品質的因素：

（一）經緯儀的儀器誤差對角度觀測量的影響因素

1. 水準軸誤差：即水準軸不垂直於直立軸，會造成定平誤差從而導致直立軸誤差，並對不同方向或不同垂直角的測點的水平角觀測量會造成不同程度的誤差，且此誤差量無法消除，必須實施半半改正。

2. 縱十字絲偏斜誤差：即縱十字絲未呈垂直狀態，會同時形成視準軸誤差和視準軸偏心誤差，從而造成水平角觀測量的誤差。

3. 視準軸誤差：即視準軸不垂直於橫軸，會對不同垂直角的測點的水平角觀測量產生不同的誤差量。此誤差可藉由正倒鏡觀測而消除。

4. 橫軸誤差：即橫軸不垂直於直立軸，會對不同垂直角的測點的水平角觀測量產生不同的誤差量。此誤差可藉由正倒鏡觀測而消除。

5. 光學垂準器誤差：即垂準器十字絲中心未位於直立軸之上，會造成類似測站偏心觀測的影響，對水平角觀測量造成的誤差量與測點距離成反比。此誤差無法消除，必須進行光學垂準器檢校。

6. 視準軸偏心誤差：即直立軸未通過視準軸與橫軸的交點，相當於視準軸並非位於直立軸之上進行觀測，造成觀測得到的水平角並非測站與二測點之間正確的水平角。此誤差可藉由正倒鏡觀測而消除。

7. 水平度盤偏心誤差：即直立軸未通過水平度盤的圓心。由於水平度盤上不同刻劃間的角度值是為度盤的圓心角，若直立軸未通過度盤的圓心，則不同測線之間的實際水平角便不等於其不同水平度盤讀數所對應度盤圓心角。此誤差可藉由正倒鏡觀測而消除。

8. 水平度盤刻劃不均勻誤差：包含週期性誤差和刻劃偶然誤差二種。度盤全圓周之角度為常數360°，又度盤刻劃間格數也是固定的，所以若有刻劃間格過大（正誤差）必有刻劃間格被壓縮（負誤差），稱為週期誤差。偶然誤差則為不可避免的刻劃誤差。欲

降低此誤差對水平角觀測量的影響，必須採用變換度盤重複觀測取平均值的方式。

（二）電子測距儀的儀器誤差的儀器誤差對距離觀測量的影響因素

1. 儀器加常數誤差：因電子測距儀電磁波發射中心及稜鏡的反射中心均與其對應的地面
   點位不在同一垂線上，導致實測距離與地面點位間的實際距離存在常差，稱為儀器加
   常數。此誤差量必須事先率定在對距離觀測量進行改正。

2. 測相誤差：即相位量測誤差，包括測相系統的誤差和幅相誤差。
   測相系統的誤差主要與相位計的靈敏度、大氣擾動及接收訊號的強度等因素有關，必
   須提高整個儀器設計的品質來降低此項誤差。幅相誤差是由於接收到的光波訊號強弱
   不同所引起的測相誤差，此誤差可以透過自動光圈將接收訊號的強度控制在一定的範
   圍內。測相誤差為偶然誤差，故測距儀所顯示的距離值都是經多次觀測的平均值，藉
   此減弱測相誤差。

3. 頻率誤差：因測距儀的調制頻率有了變化，造成測得的距離與實際距離之間產生了尺
   度問題。為確認頻率的穩定，雖在儀器設有恆溫器，但仍須定期檢頻率。

4. 週期誤差：即在實際測量過程中嘎設和接收的光波訊號與相位量測裝置電子訊號之間
   的相互干擾所造成的相位誤差。此誤差將隨所測距離而呈週期性變化，變化的週期等
   於測尺長度（即半波長）。

二、工程師量測下圖所示之圓柱形橋墩，獲得該圓柱體半徑 R 為 3.60 公尺，高度 H 為
   12.50 公尺，並已知所有距離量測值都帶有±0.1%的隨機誤差，請計算該圓柱橋墩之體積
   V 與柱體表面積 A（深色標示部分，不含上下兩個圓面），以及 V 與 A 的誤差估計。
   （25分）

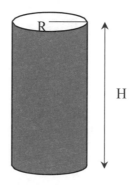

參考題解

圓柱體半徑 R 的隨機誤差為 $M_R = \pm(3.60 \times 0.1\%) = \pm0.36m$

圓柱體高度 H 的隨機誤差為 $M_H = \pm(12.5 \times 0.1\%) = \pm 1.25m$

圓柱橋墩之體積 $V = \pi R^2 H = \pi \times 3.60^2 \times 12.50 = 508.94m^3$

$$\frac{\partial V}{\partial R} = 2\pi RH = 2\pi \times 3.60 \times 12.50 = 282.74m^2$$

$$\frac{\partial V}{\partial H} = \pi R^2 = \pi \times 3.60^2 = 40.72m^2$$

體積 V 的誤差估計如下：

$$M_V = \pm\sqrt{(\frac{\partial V}{\partial R})^2 \times M_R^2 + (\frac{\partial V}{\partial H})^2 \times M_H^2} = \pm\sqrt{(282.74)^2 \times (0.36)^2 + (40.72)^2 \times (1.25)^2} = \pm 113.80m^3$$

圓柱橋墩之表面積 $A = 2\pi RH = 2\pi \times 3.60 \times 12.50 = 282.74m^2$

$$\frac{\partial A}{\partial R} = 2\pi H = 2\pi \times 12.50 = 78.54m$$

$$\frac{\partial A}{\partial H} = 2\pi R = 2\pi \times 3.60 = 22.62m$$

表面積 A 的誤差估計如下：

$$M_V = \pm\sqrt{(\frac{\partial A}{\partial R})^2 \times M_R^2 + (\frac{\partial A}{\partial H})^2 \times M_H^2} = \pm\sqrt{(78.54)^2 \times (0.36)^2 + (22.62)^2 \times (1.25)^2} = \pm 39.99m^2$$

三、某人進行如下圖之角度觀測，觀測數據如表所示，並已知 BC 方向之方位角為 118.93°，請進行必要的誤差改正，並計算改正後 DE 方向之方位角。（25 分）

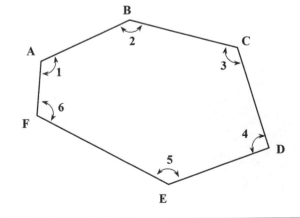

角度	觀測值
1	125.35°
2	133.26°
3	118.63°
4	92.38°
5	120.98°
6	129.50°

參考題解

角度閉合差 $f_w = \angle 1 + \angle 2 + \angle 3 + \angle 4 + \angle 5 + \angle 6 - (6-2) \times 180° = 720.1° - 720° = 0.1° = 6'$

誤差改正後各內角為：

$$\angle 1' = \angle 1 - \frac{f_w}{6} = 125.35° - \frac{0.1°}{6} = 125°20'00''$$

$$\angle 2' = \angle 2 - \frac{f_w}{6} = 133.26° - \frac{0.1°}{6} = 133°14'36''$$

$$\angle 3' = \angle 3 - \frac{f_w}{6} = 118.63° - \frac{0.1°}{6} = 118°36'48''$$

$$\angle 4' = \angle 4 - \frac{f_w}{6} = 92.38° - \frac{0.1°}{6} = 92°21'48''$$

$$\angle 5' = \angle 5 - \frac{f_w}{6} = 120.98° - \frac{0.1°}{6} = 120°57'48''$$

$$\angle 6' = \angle 6 - \frac{f_w}{6} = 129.50° - \frac{0.1°}{6} = 129°29'00''$$

已知 BC 方向之方位角為$118.93° = 118°55'48''$，則

$$\phi_{CD} = \phi_{BC} + (180° - \angle 3') = 118°55'48'' + (180° - 118°36'48'') = 180°19'00''$$
$$\phi_{DE} = \phi_{CD} + (180° - \angle 4') = 180°19'00'' + (180° - 92°21'48'') = 267°57'12''$$
$$\phi_{EF} = \phi_{DE} + (180° - \angle 5') = 267°57'12'' + (180° - 120°57'48'') = 326°59'24''$$
$$\phi_{FA} = \phi_{EF} + (180° - \angle 6') = 326°59'24'' + (180° - 129°29'00'') - 360° = 17°30'24''$$
$$\phi_{AB} = \phi_{FA} + (180° - \angle 1') = 17°30'24'' + (180° - 125°20'00'') = 72°10'24''$$
$$\phi_{BC} = \phi_{AB} + (180° - \angle 2') = 72°10'24'' + (180° - 133°14'36'') = 118°55'48''（驗證）$$

改正後 DE 方向之方位角為$267°57'12''$。

四、全球導航衛星系統（Global Navigation Satellite System）為日漸普及之現代化三維定位技術，某大型土木工程規劃擬採用此技術來測定某場址內之各點 TWVD 水準高程，請說明其施作程序以及必要之相關資料。（25 分）

參考題解

GNSS 高程測量的到的高程系統是自橢球體的橢球面起算的幾何高，是不具備任何物理意義的純幾何空間距離。TWVD 水準高程系統是自大地水準面起算具備物理上位能觀念的高程系統，稱為正高系統，正高系統才是為一般工程建設所使用。幾何高（h）和正高（H）之間的差值即為大地起伏（N），三者的關係式為$h = H + N$。

對於大型土木工程規劃擬採用 GNSS 技術測定場址內之各點的 TWVD 水準高程,其實作程序及必要相關資料整體概述如下:

(一)在場址周圍及內部均勻佈設多個水準點(數量則視後敘採用何種多項式),並自測區附近已知水準點引測新設水準點的正高值 H。

(二)可以採用靜態測量或 RTK 測量或網路 RTK 測量等方式測定各水準點的空間直角坐標 (X, Y, Z) 並經坐標轉換成大地經緯度和幾何高 (B, L, h)。

(三)對於特定區域的工程應用而言,一般可以採用以平面坐標為參數的多項式函數模型作為大地起伏值內差的依據,視測區的大小常用的多項式如下:

1. 零次多項式: $N = a_0$

2. 一次多項式: $N = a_0 + a_1 \cdot X + a_2 \cdot Y$

3. 二次多項式: $N = a_0 + a_1 \cdot X + a_2 \cdot Y + a_3 \cdot X^2 + a_4 \cdot Y^2 + a_5 \cdot X \cdot Y$

若採用零次多項式則至少需佈設 1 個水準點;若採用一次多項式則至少需佈設 3 個水準點;若採用二次多項式則至少需佈設 6 個水準點。

根據各水準點的正高值 H 和幾何高值 h 計算各水準點的大地起伏值 $N = h - H$,再配合各水準點的平面坐標 (X, Y) 建立各水準點的多項式,接著便聯立解算出各係數值 a。以二次多項式為例,若佈設的水準點多於 6 點,則解算過程須採平差計算。

(四)最後對其他測點實施 GNSS 測量,將各測點的平面坐標 (X, Y) 代入多項式計算該點的大地起伏 N 值後,再根據測點的幾何高 h 依下式計算該點的正高值:

$$H = h - N$$

上述處理程序稱為「多項式擬合法」,由於是一種並未考慮大地水準面的起伏變化的純幾何方法,故較適用於例如平原等大地水準面較為光滑的地區。多項式擬合法的大地起伏精度與佈設的水準點的分佈情況、數量、大地水準面的光滑度及水準點正高值的精度等因素相關。

107 年專門職業及技術人員高等考試試題／結構分析（包括材料力學與結構學）

一、如下圖為量測三方向應變之應變座（45° strain rosette），已知量測之三個應變讀數為 $\varepsilon_a = 218\mu$、$\varepsilon_b = 36\mu$ 與 $\varepsilon_c = 62\mu$，受測體材質為鋼製彈性模數 $E = 200\,GPa$、波松比 $\nu = 0.3$。

（一）求出該量測位置平面上的主軸應變（ε_1 與 ε_2）與主軸的方向角度 θ_p。（10 分）

（二）計算此位置上對應的平面內主軸應力（σ_1 與 σ_2）及絕對最大剪應力（$\tau_{abs.\,max}$）。

（10 分）

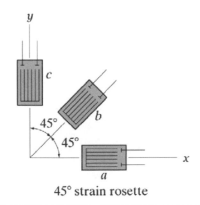

45° strain rosette

參考題解

（一）依應變轉換公式

$$\varepsilon_b = \varepsilon_a \cos^2\left(45^o\right) + \varepsilon_c \sin^2\left(45^o\right) + \gamma_{xy}\cos\left(45^o\right)\sin\left(45^o\right)$$

解得 $\gamma_{xy} = -208\mu$。故主應變方向角為

$$\theta_P = \frac{1}{2}\tan^{-1}\left(\frac{\gamma_{xy}}{\varepsilon_a - \varepsilon_c}\right) = \begin{cases} -26.57^o\,(\theta_1) \\ 63.43^o\,(\theta_2) \end{cases} \quad (\text{正值表}\circlearrowleft\;;\;\text{負值表}\circlearrowright)$$

又主應變為

$$\varepsilon_P = \frac{\varepsilon_a + \varepsilon_c}{2} \pm \sqrt{\left(\frac{\varepsilon_a - \varepsilon_c}{2}\right)^2 + \left(\frac{\gamma_{xy}}{2}\right)^2} = (140 \pm 130)\mu = \begin{cases} 270\mu\,(\varepsilon_1) \\ 10\mu\,(\varepsilon_2) \end{cases}$$

（二）依 Hooke's law，主應力為

$$\sigma_1 = \frac{E}{1-v^2}\left(\varepsilon_1 + v\varepsilon_2\right) = 0.06\,GPa = 60\,MPa$$

$$\sigma_2 = \frac{E}{1-v^2}\left(\varepsilon_2 + v\varepsilon_1\right) = 0.02\,GPa = 20\,MPa$$

（三）絕對最大剪應力為

$$\left(\tau_{abs,\max}\right) = \frac{60}{2} = 30 MPa$$

又讀者宜注意，xy 平面之最大剪應力為

$$\left(\tau_{xy,\max}\right) = \frac{60-20}{2} = 20 MPa$$

二、考慮一受壓的理想化柱系統，由兩根剛性桿（桿 ABC 和桿 CD）以一旋轉彈簧（β_R）鉸接合於 C 點，並由一線性彈簧（k）及銷支承簡單支撐如下圖所示，桿的長度尺寸如圖示，外力 P 施加於 A 點。

（一）當線性彈簧勁度無窮大（$k = \infty$），計算此系統的臨界挫屈載重 P_{cr}（以 β_R 表示）。（10分）

（二）當彈簧係數間的關係為 $\beta_R = \dfrac{7}{18}kL^2$，計算臨界挫屈載重 P_{cr}（以 β_R 表示）。（10分）

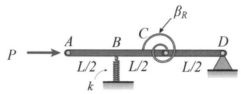

參考題解

（一）當 $k \to \infty$ 時，參圖（a）所示可得總位能 $V(\theta)$ 為

$$V(\theta) = \frac{\beta_R}{2}(2\theta)^2 + \frac{3PL}{2}\left(1 - \frac{\theta^2}{2}\right)$$

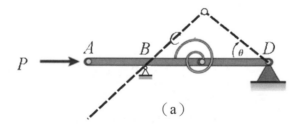

（a）

由虛功原理得

$$\frac{\partial V(\theta)}{\partial \theta} = \left(4\beta_R - \frac{3PL}{2}\right)\theta = 0$$

當 $\theta \neq 0$ 時，由上式得臨界載重 P_{cr} 為

$$P_{cr} = \frac{8\beta_R}{3L}$$

（二）當 $\beta_R = \frac{7}{18}kL^2$ 時，參圖（b）所示可得總位能 $V(\theta,\phi)$ 為

$$V(\theta,\phi) = \frac{\beta_R}{2}(\theta-\phi)^2 + \frac{kL^2}{8}(\theta+\phi)^2 + PL\left[\left(1-\frac{\phi^2}{2}\right) + \frac{1}{2}\left(1-\frac{\phi^2}{2}\right)\right]$$

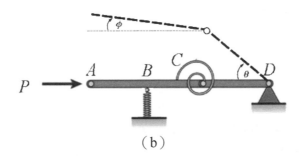

（b）

由虛功原理得

$$\frac{\partial V}{\partial \theta} = \beta_R(\theta-\phi) + \frac{kL^2}{4}(\theta+\phi) - \frac{PL}{2}\theta = 0$$

$$\frac{\partial V}{\partial \phi} = -\beta_R(\theta-\phi) + \frac{kL^2}{4}(\theta+\phi) - PL\phi = 0$$

聯立上列二式，當 θ 及 ϕ 不同為零時，可得

$$\begin{vmatrix} \beta + \dfrac{kL^2}{4} - \dfrac{PL}{2} & -\beta + \dfrac{kL^2}{4} \\[2mm] -\beta + \dfrac{kL^2}{4} & \beta + \dfrac{kL^2}{4} - PL \end{vmatrix} = 0$$

以 $\beta_R = \frac{7}{18}kL^2$ 代入上式，可得

$$\begin{vmatrix} \dfrac{23kL^2}{36} - \dfrac{PL}{2} & -\dfrac{5kL^2}{36} \\[2mm] -\dfrac{5kL^2}{36} & \dfrac{23kL^2}{36} - PL \end{vmatrix} = 0$$

由上式得臨界載重 P_{cr} 為

$$P_{cr} = \frac{7kL}{12}$$

三、考慮細長的鋼纜具有低撓曲勁度、可忽略自重及軸向不會伸張的特性時，受拉力的鋼纜可視為理想之橫向完全柔軟而軸向為剛性的張力構件。分析下列兩個包括鋼纜所組成之靜定結構系統：

（一）如圖（a）之鋼纜系統的主索由五根垂直支索控制其平衡位置的幾何輪廓。施工過程先由四根支索皆維持固定之 3 kN 之拉力後，再由中跨 C 索調整索力 P 使獲得下垂量 hc。已知 P = 4 kN 時，hc = 7.5 m；試求 A 端錨定反力之水平分量，以及 B 端繩張力 T 的理論值。（10分）

（二）如圖（b）所示之吊橋系統中，假設間距 1 m 之均勻分布吊索使主纜呈現的下垂輪廓可以拋物線函數近似，中跨 h_B = 4 m；試求主纜錨定反力之水平分量、H 鉸接點剪力，並大略繪製梁 DHE 之彎矩圖（可看出變化趨勢即可）。（15分）

（三）若於圖（b）所示橋梁 DHE 全跨 16 m 上，除 7 kN 與 9 kN 的集中載重外，再額外增加 1 kN/m 之分布載重；試述主纜錨定反力與梁 DHE 上最大彎矩如何改變？（例如：研判變化的倍數）。（5分）

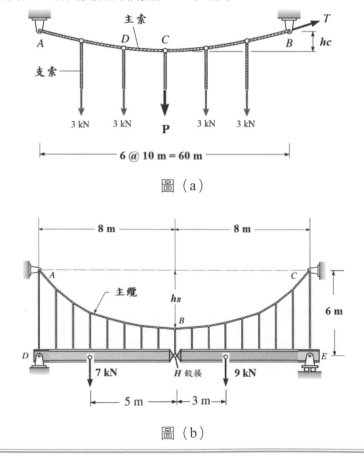

圖（a）

圖（b）

（一）對於圖（a）之纜索而言，參圖（c）所示可得

$$A_y = B_y = 8kN$$

又考慮 AC 段可得

$$\sum M_C = 3(10+20) + A_x h_C - A_y(30) = 0$$

由上式得

$$A_x = \frac{A_y(30) - 3(10+20)}{h_C} = 20kN$$

又 B 端張力為

$$T = \sqrt{20^2 + 8^2} = 21.54kN$$

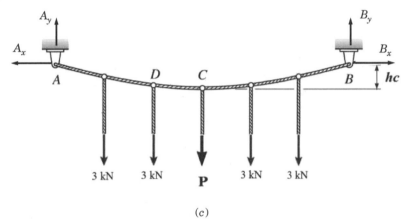

(c)

（二）對於圖（b）之纜索而言，垂直支索之作用力可近似為均佈負載 ω_0。參圖（d）所示，由 DH 段可得 H 點剪力 V 為

$$V = \frac{32\omega_0 - 21}{8}$$

由 HE 段可得 H 點剪力 V 為

$$V = \frac{45 - 32\omega_0}{8}$$

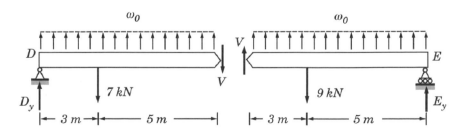

(d)

聯立上述二式,解出 $\omega_0 = 1.03kN/m$。故 H 點剪力 V 為

$$V = \frac{32\omega_0 - 21}{8} = 1.5kN$$

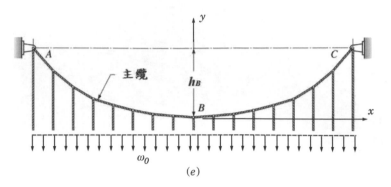

(e)

(三)參圖(e)所示,主纜之形狀函數可表為

$$y(x) = \frac{\omega_0}{2T_0}x^2$$

其中 T_0 為主纜錨定反力(支承力)之水平分量,由邊界條件可得

$$4 = \frac{\omega_0}{2T_0}(8)^2$$

由上式得 $T_0 = 8\omega_0 = 8.25kN$。又,樑 DHE 之彎矩圖示意如圖(f)。

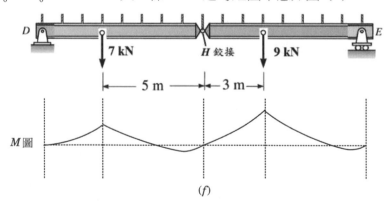

(f)

(四)圖(d)中 D 點及 E 點支承力分別為

$$D_y = \frac{35}{8} - 4\omega_0 = 0.25kN\ (\uparrow)\ ;\ E_y = \frac{27}{8} - 4\omega_0 = -0.75kN\ (\downarrow)$$

又由前述結果 $\omega_0 = 1.03kN/m$,以及 $V = \frac{32\omega_0 - 21}{8}$;$T_0 = 8\omega_0$。可知,所有作用力均值與 ω_0 成正比。所以當額外增加 $1kN/m$ 之分佈負荷時,主纜錨定反力及最大彎矩大約將變為原先之 2 倍。

四、鋼梁具均勻斷面性質，撓曲剛度 EI，梁深 h，左端為固接，右端彈簧支撐條件如各圖所示。

　　（一）如圖（a）所示，梁上下表面溫度不同（$T_u > T_b$），假設溫度梯度線性變化，膨脹係數 α；試以贅力法（柔度法）求解 B 點的位移。（10分）

　　（二）如圖（b）所示，梁受均布載重 w 作用；試以傾角變位法求解 B 點的位移與傾角。（20分）

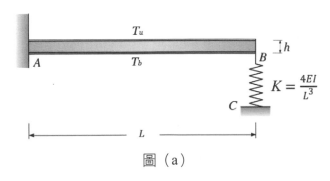

圖（a）

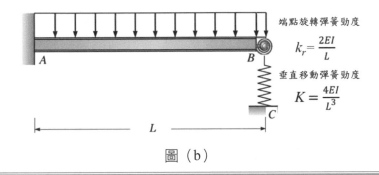

圖（b）

參考題解

（一）對於圖（a）結構而言，溫差產生之曲率 κ_T 為

$$\kappa_T = \frac{\alpha\left(T_a - T_b\right)}{h}$$

取如圖（c）所示之 F 為贅餘力，可得

$$y_B = -\left(\frac{FL^3}{3EI} + \frac{\kappa_T L^2}{2}\right) = \frac{F}{K} = \frac{FL^3}{4EI}$$

由上式解得

$$F = -\frac{6EI\alpha}{7hL}\left(T_a - T_b\right) \qquad （壓力）$$

故 B 點位移 Δ_B 為

$$\Delta_B = \frac{3\alpha L^2}{14h}(T_a - T_b) \quad (\downarrow)$$

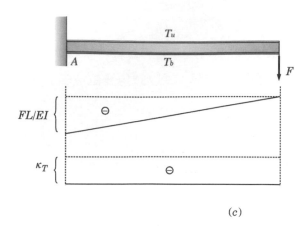

(c)

（二）對於圖（b）結構而言，由傾角變位法公式，各桿端彎矩可表為

$$M_{AB} = \frac{EI}{L}[2\theta_B - 6\phi] + \frac{\omega L^2}{12} \quad ; \quad M_{BA} = \frac{EI}{L}[4\theta_B - 6\phi] - \frac{\omega L^2}{12}$$

其中 $M_{BA} = -k_r\theta_B$，故有

$$\frac{6EI}{L}\theta_B - \frac{6EI}{L}\phi = \frac{\omega L^2}{12} \qquad \text{①}$$

（三）又 B 端剪力 V_{BA} 為

$$V_{BA} = \frac{M_{AB} - M_{BA} - \dfrac{\omega L^2}{2}}{L} = K(L\phi)$$

由上式可得

$$\frac{6EI}{L}\theta_B - \frac{16EI}{L}\phi = \frac{\omega L^2}{2} \qquad \text{②}$$

聯立①式及②式，解出

$$\theta_B = -\frac{\omega L^3}{36EI} \ (\circlearrowright) \ ; \ \phi = -\frac{\omega L^3}{24EI} \ (\circlearrowright)$$

所以 B 點位移 Δ_B 為

$$\Delta_B = \frac{\omega L^4}{24EI} \ (\downarrow)$$

107 年專門職業及技術人員高等考試試題／營建管理

一、某公共工程的預算為 10 億元，假設其中鋼筋工項的預算單價為每噸 20,000 元。開標後，業主底價為 9.5 億元，得標廠商決標價為 9 億元，且得標廠商鋼筋工項的投標單價為每噸 16,000 元。若根據一般實務做法，請問該工程鋼筋工項的契約單價為多少？又假設該得標廠商並無政府採購法第 58 條所稱部分標價偏低之情形，請問該工程鋼筋工項的契約單價，應如何訂定較為合理？（25 分）

提 示

（一）依採購契約要項第 30 條（契約價金之記載）之規定：

契約應記載總價。無總價者應記載項目、單價及金額或數量上限。

契約總價曾經減價而確定，其所組成之各單項價格未約定調整方式者，視同就各單項價格依同一減價比率調整。投標文件中報價之分項價格合計數額與總價不同者，亦同。

（二）採購契約要項第 30 條 與工程採購契約範本（103.01.22 以前版本（不含本版））對契約單項價格，僅規定「各單項價格未約定調整方式者，視同就各單項價格依同一減價比率調整。」，未明訂調整細節，因此多依預算單價×決標金額／預算金額方式調整。工程採購契約範本（103.01.22 以後版本（含本版））明訂調整細節，「未約定或未能合意調整方式者，如廠商所報各單項價格未有不合理之處，視同就廠商所報各單項價格依同一減價比率（決標金額／投標金額）調整。」。

參考題解

（一）一般實務做法鋼筋工項的契約單價：

採購契約要項第 30 條 與工程採購契約範本第 5 條第 1 款第 8 目（103.01.22 以前版本（不含本版））對契約單項價格，僅規定：「各單項價格未約定調整方式者，視同就各單項價格依同一減價比率調整。」。

為防止不均衡標產生之缺失，一般實務做法：

契約單價＝預算單價×決標金額／預算金額

鋼筋預算單價 ＝ 20,000 元，

決標金額 ＝ 900,000,000 元，

預算金額 ＝ 1,000,000,000 元，

鋼筋工項契約單價 ＝ 20,000×900,000,000／1,000,000,000 ＝ 18,000 元

（二）無標價偏低之情形，鋼筋工項的契約單價：

工程採購契約範本第 5 條第 1 款第 8 目規定：「契約價金總額曾經減價而確定，其所組成之各單項價格得依約定或合意方式調整（例如減價之金額僅自部分項目扣減）；未約定或未能合意調整方式者，如廠商所報各單項價格未有不合理之處，視同就廠商所報各單項價格依同一減價比率（決標金額／投標金額）調整。投標文件中報價之分項價格合計數額與決標金額不同者，依決標金額與該合計數額之比率調整之。但廠商報價之安全衛生經費項目、空氣污染及噪音防制設施經費項目編列金額低於機關所訂底價之各該同項金額者，該報價金額不隨之調低；該報價金額高於同項底價金額者，調整後不得低於底價金額。」

本題非屬安全衛生經費項目、空氣污染及噪音防制設施經費項目，無政府採購法第 58 條所稱部分標價偏低之情形。（依題意）

契約單價＝投標單價×決標金額／投標金額

鋼筋投標單價 ＝ 16,000 元，

決標金額 ＝ 900,000,000 元，

投標金額 ＝ 900,000,000 元，

鋼筋工項契約單價 ＝ 16,000×900,000,000／900,000,000 ＝ 16,000 元

二、某公共工程有關物價調整處理之契約條款，為以下規定：「施作當月營建物價總指數比開標當月總指數增減率之絕對值超過 2.5%者，就漲跌幅超過 2.5% 部分，於估驗完成後調整工程款；指數增減率之絕對值在 2.5% 以內者，不予調整。」假設該工程施作當月（107 年 7 月）的總指數為 106.26，開標當月（105 年 1 月）的總指數為 99.38。此外，施作當月之估驗總工程款為 250 萬元，不予調整之費用（包括規費、承商管理費、保險費與利潤等）為 30 萬元，已付預付款之最高額占契約總價百分比為 10%，營業稅率為 5%。請問施作當月（107 年 7 月）的物價調整金額應為多少？（25 分）

提 示

本題依工程會「機關已訂約施工中工程因應營建物價變動之物價調整補貼原則」規定作答。

參考題解

本題訂約為總指數增減率 2.5%類：

（一）指數增減率：

指數增減率 ＝（B/C－1）×100%

式中：

B = 施作當月之總指數。

C = 開標當月或議價當月（契約單價有變更者，依變更當月指數）之總指數。

指數增減率：以計算至小數點以下第 4 位（第 5 位四捨五入）為原則。

B = 106.26

C = 99.38

指數增減率 =（B/C－1）×100%

= （106.26 / 99.38－1）×100%

= 6.92%

（二）逐月估驗計價調整金額：

調整金額 = A×（1－E）×（指數增減率之絕對值－調整門檻）×F

式中：

A = 逐月估驗工程項目工程費（扣除其中之規費、規劃費、設計費、土地及權利費用、法律費用、承商管理費、保險費、利潤、利息、稅雜費及契約變更文件所載其他不列入調整之費用。）

E = 已付預付款之最高額占契約總價百分比（係定值，與是否隨估驗計價逐期扣回無關）。

指數增減率之絕對值 = 總指數增減率之絕對值。

調整門檻 = 2.5%。

F =（1＋營業稅率）。

A = 2,500,000－300,000 = 2,200,000 元

E = 10% = 0.1

指數增減率之絕對值 = 6.92% = 0.0692 ⇐計算至小數點以下第 4 位

調整門檻 = 2.5% = 0.025

F = 1＋5% = 1.05

物價調整金額 = A×（1－E）×（指數增減率之絕對值－調整門檻）×F

= 2,200,000×（1－0.1）×（0.0692－0.025）×1.05

= 91,892 元

三、假設鋼筋工一個人一天（8 小時）平均可完成 0.8 噸鋼筋的組立，某建築工程標準樓層的鋼筋組立數量共為 100 噸，而負責鋼筋組立的小包有 15 個鋼筋工。請問每一標準樓層的鋼筋組立時間為幾天？請問工率的定義為何？請問本工程鋼筋工的工率為何？（25 分）

參考題解

（一）每一標準樓層的鋼筋組立時間：

鋼筋組立時間 ＝ 鋼筋組立數量／（工人數×每工每天作業量）

$$= 100／（15×0.8）$$

$$= 8.3（天）$$

（二）工率定義：

工率為單位時間（通常為天）每一工人所完成作業數量。以公式表示如下：

$$工率 ＝ \frac{完成作業數量}{工人數}$$

（三）鋼筋工工率：

由題意為 0.8 噸／工。

四、公共工程之施工日報表（施工日誌）由施工廠商填寫，監工日報表（監造報表）則應由工程採購之監造單位填寫。除工程名稱與廠商名稱等一般資訊欄位之外，請分別列出施工日報表與監工日報表的主要填寫內容為何？（25 分）

參考題解

（一）施工日報表主要填寫內容 ：

1. 進度相關資訊：

（1）核定工期。

（2）累計工期。

（3）剩餘工期。

（4）工期展延天數。

（5）開工日期。

（6）完工日期。

（7）預定進度。

（8）實際進度。

2. 依施工計畫書執行按圖施工概況（含約定之重要施工項目及完成數量等）。

3. 工地材料管理概況（含約定之重要材料使用狀況及數量等）。

4. 工地人員及機具管理（含約定之出工人數及機具使用情形及數量）。

5. 本日施工項目是否有須依「營造業專業工程特定施工項目應置之技術士種類、比率或人數標準表」規定應設置技術士之專業工程。

6. 工地職業安全衛生事項之督導、公共環境與安全之維護及其他工地行政事務：

　　（1）施工前檢查事項：

　　　　①實施勤前教育（含工地預防災變及危害告知）。

　　　　②確認新進勞工是否提報勞工保險（或其他商業保險）資料及安全衛生教育訓練紀錄。

　　　　③檢查勞工個人防護具。

　　（2）其他事項。

7. 施工取樣試驗紀錄。

8. 通知協力廠商辦理事項。

9. 重要事項記錄。

10. 簽章。

（二）監工日報表主要填寫內容：

1. 進度與契約相關資訊：

　　（1）契約工期。

　　（2）開工日期。

　　（3）預定完工日期。

　　（4）實際完工日期。

　　（5）契約變更次數。

　　（6）工期展延天數。

　　（7）預定進度。

　　（8）實際進度。

　　（9）契約金額（原契約與變更後契約）。

2. 工程進行情況（含約定之重要施工項目及數量）。

3. 監督依照設計圖說施工（含約定之檢驗停留點及施工抽查等情形）。

4. 查核材料規格及品質（含約定之檢驗停留點、材料設備管制及檢（試）驗等抽驗情形）。

5. 督導工地職業安全衛生事項：

   （1）施工廠商施工前檢查事項辦理情形。

   （2）其他工地安全衛生督導事項。

6. 其他約定監造事項（含重要事項紀錄、主辦機關指示及通知廠商辦理事項等）。

7. 監造單位簽章。

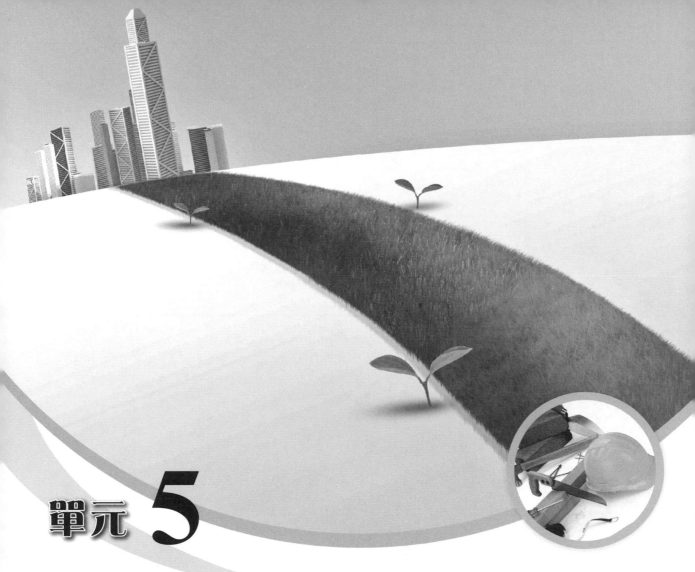

單元 **5**

結構技師專技高考

107 年專門職業及技術人員高等考試試題／鋼筋混凝土設計與預力混凝土設計

※ 依據與作答規範：內政部營建署「混凝土結構設計規範」（內政部 100.6.9 台內營字第 1000801914 號令）；中國土木水利學會「混凝土工程設計規範」（土木 401-100）。<u>未依上述規範作答，不予計分。</u>

D13，$d_b = 1.27$ cm，$A_b = 1.27$ cm^2；D22，$d_b = 2.22$ cm，$A_b = 3.87$ cm^2；

D25，$d_b = 2.54$ cm，$A_b = 5.07$ cm^2；D29，$d_b = 2.87$ cm，$A_b = 6.47$ cm^2；

混凝土強度 $f'_c = 280$ kgf/cm^2，D10 與 D13 $f_y = 2800$ kgf/cm^2；D25 以上 $f_y = 4200$ kgf/cm^2

一、一鋼筋混凝土矩形梁斷面（如圖示）承受扭矩 $T_u = 4$ tf-m 及剪力載重 $V_u = 20$ tf。梁斷面配置 4 支 D13 閉合箍筋，淨保護層為 4 cm。試以塑性理念設計箍筋之間距。（25分）

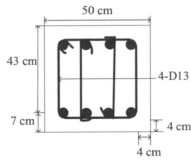

參考題解

（一）檢核是否需要配置扭力筋

1. $T_{cr} = 1.06\sqrt{f'_c}\left(\dfrac{A_{cp}^2}{P_{cp}}\right) = 1.06\sqrt{280}\,\dfrac{(50 \times 50)^2}{50 \times 4} = 554287\ kgf - cm \approx 5.54\ tf - m$

$\dfrac{1}{4}\phi T_{cr} = \dfrac{1}{4}(0.75)(5.54) \approx 1.04\ tf - m$

2. $T_u = 4 tf - m > \dfrac{1}{4}\phi T_{cr}$ ∴ 需要配置扭力筋

（二）計算抵抗扭力所需的 $\dfrac{A_t}{s}$

1. $T_n = \dfrac{T_u}{\phi} = \dfrac{4}{0.75}\ tf - m$

2. 至箍筋中心的斷面長度：$50 - 4 \times 2 - 1.27 = 40.73 cm$

$$A_{oh} = 40.73 \times 40.73 \approx 1659 cm^2$$

3. $T_n = 1.7 A_{oh} \left(\dfrac{A_t}{s} \right) f_{yt} \Rightarrow \dfrac{4}{0.75} \times 10^5 = 1.7(1659)\left(\dfrac{A_t}{s} \right) \times 2800 \quad \therefore \dfrac{A_t}{s} = 0.0675$ （單肢）

（三）計算抵抗剪力所需的 $\dfrac{A_v}{s}$

1. $V_u = \phi V_n \Rightarrow 20 = 0.75 V_n \quad \therefore V_n = \dfrac{20}{0.75} \ tf$

2. $V_c = 0.53 \sqrt{f_c'} b_w d = 0.53 \sqrt{280} (50 \times 43) = 19067 \ kgf$

3. $V_n = V_c + V_s \Rightarrow \dfrac{20}{0.75} \times 10^3 = 19067 + V_s \quad \therefore V_s = 7600 \ kgf$

4. $V_s = \dfrac{d A_v f_y}{s} \Rightarrow 7600 = \dfrac{(43)(A_v)(2800)}{s} \quad \therefore \dfrac{A_v}{s} = 0.0631$ （四肢）

（四）間距 s 設計

1. 強度需求的箍筋量（剪力+扭矩的單肢需求面積）

$$\dfrac{a_s}{s} = \dfrac{1}{4}\dfrac{A_v}{s} + \dfrac{A_t}{s} \Rightarrow \dfrac{1.27}{s} = \dfrac{1}{4}(0.0631) + 0.0675 \quad \therefore s = 15.3 cm \Rightarrow 取 s = 15 cm$$

2. 扭力箍筋間距規定

$$\left[\dfrac{p_h}{8}, \quad 30cm \right]_{min} = \left[\dfrac{40.73 \times 4}{8}, 30 \right]_{min} = 20.4 \ cm \Rightarrow s = 15 cm \leq 20.4 \ cm \ (OK)$$

3. 剪力鋼筋間距規定

（1）$V_s \leq 1.06 \sqrt{f_c'} b_w d \Rightarrow s \leq \left(\dfrac{d}{2}, \ 60cm \right)_{min} \Rightarrow 15cm \leq \left(\dfrac{43}{4} cm, \ 60cm \right)_{min} \ OK$

（2）$s \leq \left\{ \dfrac{A_v f_{yt}}{0.2 \sqrt{f_c'} b_w}, \ \dfrac{A_v f_{yt}}{3.5 b_w} \right\}_{min} \Rightarrow 15cm \leq \left\{ \dfrac{(4 \times 1.27)(2800)}{0.2\sqrt{280}(50)}, \ \dfrac{(4 \times 1.27)(2800)}{3.5(50)} \right\}_{min}$

$\Rightarrow 15cm \leq \{85cm, \ 81cm\}_{min} \ OK$

二、鋼筋混凝土構架樓層高 3.8 m。各梁尺寸與配筋均相同，配置 8 支 D29 拉力筋，有效深度為 43 cm。柱與梁同寬，柱斷面為 50 cm × 50 cm，請檢核此構架角柱接頭之剪力強度。（25分）

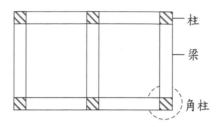

參考題解

（一）接頭剪力計算強度：$V_n = \gamma \sqrt{f_c'} A_j$

　　1. 角柱，只有兩面有梁接入，$\gamma = 3.2$

　　2. $A_j = 50 \times 50 = 2500\ cm^2$

　　3. $V_n = \gamma \sqrt{f_c'} A_j = 3.2 \sqrt{280}\,(2500) = 133866\ kgf \approx 133.87\ tf$

（二）接頭剪力設計強度 V_j

　　1. 計算 M_{pr}

　　　　（1）$T = A_s\,(1.25 f_y) = (8 \times 6.47)(1.25 \times 4200) = 271740\ kg \approx 271.74\ tf$

　　　　（2）$C_c = 0.85 f_c' ba = 0.85(280)(50)a = 11900a$

　　　　（3）$C_c = T \Rightarrow 11900a = 271740\ \therefore a = 22.8\ cm$

　　　　（4）$M_{pr} = C_c\left(d - \dfrac{a}{2}\right) = (11900 \times 22.8)\left(43 - \dfrac{22.8}{2}\right) = 8573712\ kgf - cm \approx 85.74\ tf - m$

　　2. 計算 V_{col}：假設柱反曲點在柱中央

　　　　$V_{col} = \dfrac{M_{pr}}{H} = \dfrac{85.74}{3.8} = 22.56\ tf$

　　3. $V_j + V_{col} = T \Rightarrow V_j + 22.56 = 271.74\ \therefore V_j = 249.18\ tf$

（三）接頭強度檢核

　　$\phi V_n \geq V_j \Rightarrow 0.85(133.87) \ngeqslant 249.18 \Rightarrow$　（NG）

　　∴ 接頭強度不足

討 論

（一）當 $a = 22.8\ cm$ 時，拉力筋是否降伏？

$$a = 22.8 \ cm \Rightarrow x = \frac{22.8}{0.85} = 26.8cm \quad \therefore \varepsilon_s = \frac{d-x}{x} \times 0.003 = \frac{43-26.8}{26.8} \times 0.003 = 0.0018 < \varepsilon_y$$

（二）上述的結果是否合理？

計算 M_{pr} 時，一般會忽略壓力筋的貢獻，直接以單筋梁計算，因此有可能會產生這樣的結果（若將壓力筋計入，實際上 ε_s 應該會超過 ε_y）。

（三）題目中並沒有提及它有配置壓力筋（但符合耐震設計的梁，不可能不配置壓力筋）

若真的沒有配置壓力筋，那麼 8 支 D29 的 43×50 單筋梁斷面，根本就不符合最大鋼筋用量 $\varepsilon_t \geq 0.004$ 的規定，更遑論要檢討『耐震設計中的樑柱接頭剪力』。

（四）因此我們假設它其實是有壓力筋的（只是在計算 M_{pr}，會將壓力筋忽略，那壓力鋼筋量是多少也就不管它了），當直接以『8 支 D29 的 43×50 單筋梁』去計算 M_{pr} 時，便得到了 $\varepsilon_s < \varepsilon_y$ 這種不滿意，但考試上勉強接受的 M_{pr} 值。

三、有一承受負彎矩 $120 \ tf\text{-}m$ 之鋼筋混凝土 T 型梁斷面，其梁腹寬 $b_w = 40 \ cm$，梁深 $h = 120$ cm，有效深度 $d = 113 \ cm$，翼緣厚（版厚）$h_f = 15 \ cm$，梁跨度 12 m，梁與鄰梁中心距 3 m。此 T 型梁斷面將採 12-D25 主筋與 D13 肋筋，鋼筋淨保護層均為 4 cm。試依規範對裂紋控制之規定計算主筋分布之寬度與間距，以及側面縱向表層鋼筋之配置範圍與間距。（25 分）

参考題解

（一）裂紋控制規定：$s \leq \left[38\left(\dfrac{2800}{f_s}\right) - 2.5c_c \ , \ 30\left(\dfrac{2800}{f_s}\right) \right]_{\min}$

　　1. 計算鋼筋應力 f_s

　　　　（1）$f_c' = 280 \Rightarrow n = \dfrac{E_s}{E_c} = \dfrac{2.04 \times 10^6}{15000\sqrt{280}} = 8.128 \Rightarrow 取 n = 8$

　　　　（2）$A_s = 12 \times 5.07 = 60.84 \ cm^2 \Rightarrow nA_s = 8(60.84) = 486.72 \ cm^2$

　　　　（3）中性軸位置

$$\frac{1}{2}bx^2 = nA_s(d-x) \Rightarrow \frac{1}{2}(40)x^2 = 486.72(113-x)$$
$$\Rightarrow 20x^2 + 486.72x - 54999 = 0 \quad \therefore x \approx 41.7cm \ , \ -66cm（負不合）$$

　　　　（4）I_{cr} 值

$$I_{cr} = \frac{1}{3}bx^3 + nA_s(d-x)^2 = \frac{1}{3}(40)(41.7^3) + 486.72(113-41.7)^2 = 3441156 \; cm^4$$

（5）$f_s = n\dfrac{My}{I} = (8)\dfrac{(120\times10^5)(113-41.7)}{3441156} \approx 1989 \; kgf/cm^2$

2. $c_c = 4 + 1.27 = 5.27 \; cm$

3. $s \leq \left[38\left(\dfrac{2800}{f_s}\right) - 2.5c_c \;,\; 30\left(\dfrac{2800}{f_s}\right) \right]_{min}$

$\Rightarrow s \leq \left[38\left(\dfrac{2800}{1989}\right) - 2.5(5.27) \;,\; 30\left(\dfrac{2800}{1989}\right) \right]_{min} \Rightarrow s \leq [40.3 \;,\; 42.2]_{min}$

　　s 不可超過 40cm

（二）T 型梁承受負彎舉時，裂紋控制特別規定

1. 有效翼緣寬 b_E

$$b_E \leq \begin{cases} \dfrac{\ell}{4} = \dfrac{1200}{4} = 300 \; cm \\[2mm] 16t_f + b_w = 16(15) + 40 = 280 \; cm \\[2mm] \dfrac{1}{2}s_0 + \dfrac{1}{2}s_1 + b_w = \dfrac{1}{2}\left(\dfrac{300-40}{2}\right) + \dfrac{1}{2}\left(\dfrac{300-40}{2}\right) + 40 = 300 \; cm \end{cases} \Rightarrow b_E = 280cm$$

2. 受拉主筋分佈範圍：$\left\{ \dfrac{\ell}{10} \;,\; b_E \right\}_{min} = \left\{ \dfrac{1200}{10} \;,\; 280 \right\}_{min} = 120 \; cm$

　　主筋間距：$\dfrac{120}{11} = 10.99cm \Rightarrow$ 採 12-D25@10cm 配置

　　$s = 10cm \leq [40.3 \;,\; 42.2]_{min} \; (OK)$

3. b_E 超過梁跨度 $\dfrac{L}{10}$ 部份，要配置適量之縱向鋼筋

　　$b_E - \dfrac{\ell}{10} = 280 - \dfrac{1200}{2} = 160 \; cm \Rightarrow$ 超過 $\dfrac{L}{10}$ 的兩側部份採 3-D10 @40cm 配置

（三）梁深超過 90cm，需配置縱向表層鋼筋

1. 配置範圍：T 型梁頂部（拉力側）起算 $\dfrac{h}{2} = 60cm$ 範圍內

2. 採用 2-D10 @30cm 配置

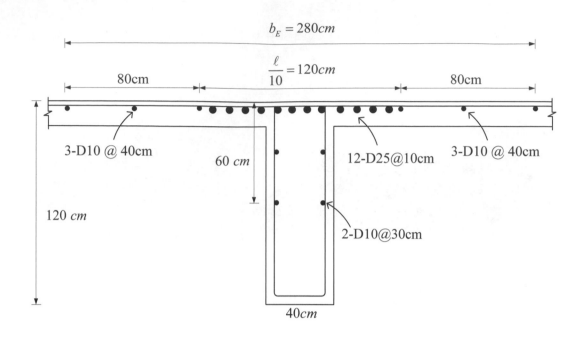

四、如圖所示之後拉法預力梁斷面，預力鋼鍵套管直徑 7.5 cm ϕ，施預力後以水泥砂漿填滿。預力鋼鍵 f_{pu} = 19000 kgf/cm^2，混凝土 f_c' = 420 kgf/cm^2，E_s = 2×10^6 kgf/cm^2，E_c = 3.07×10^5 kgf/cm^2，有效預力 F_e = 100 tf，A_{ps} = 14 cm^2。試求開裂彎矩、極限彎矩並檢核鋼鍵是否被拉斷。（25 分）

參考公式： $f_{pu}\left(1 - 0.5\rho_p \dfrac{f_{pu}}{f_c'}\right)$， $f_{se} + 700 + \dfrac{f_c'}{100\rho_p}$

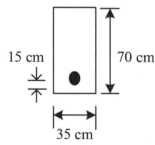

解題重點

基本題型，需要判斷黏裹預力鋼鍵與無黏裹預力鋼鍵公式之分別，使用該公式須注意是否有限制條件。

參考題解

（一）斷面性質計算

$A = 35 \times 70 = 2450 \text{ cm}^2$

$I = 1 / 12 \times 35 \times 70^3 = 1000416.67 \text{cm}^4$

$S_b = 1000416.67 / 35 = 28583.33 \text{cm}^3$

$f_t = -2.0\sqrt{420} = -40.99 \text{ kg/cm}^2$

$d_p = 70 - 15 = 55 \text{cm}$

$e = 20 \text{cm}$

（二）開裂彎矩 M_{cr} 計算

$$f_t = -40.99 = \frac{F_e}{A} + \frac{F_e \times e}{S_b} - \frac{M_{cr}}{S_b} = \frac{100 \times 10^3}{2450} + \frac{100 \times 10^3 \times 20}{28583.33} - \frac{M_{cr}}{28583.33}$$

$M_{cr} = 43.383 \text{ tf-m}$

（三）極限彎矩 M_n 計算

$\rho_p = A_{ps} / b_{dp} = 14 / (35 \times 55) = 0.00727$

$f_{ps} = f_{pu} \times (1 - 0.5\rho_p \frac{f_{pu}}{f_c'} = 19000 \times (1 - 0.5 \times 0.00727 \times 19000 / 420) = 15875.63 \text{ kg/cm}^2$

$a = \frac{A_{ps} \times f_{ps}}{0.85 \times f_c' b} = 14 \times 15875.63 / (0.85 \times 420 \times 35) = 17.788 \text{ cm}$

$M_n = A_{ps} \times f_{ps} \times (d_p - a/2) = 14 \times 15875.63 \times (55 - 17.788 / 2) \times 10^{-5} = 102.47 \text{ t-m}$

（四）預力鋼鍵降伏檢核

如右圖計算鋼鍵應變 ε_t

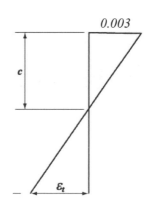

$C = a / \beta_1 = 17.788 / 0.75 = 23.717 \text{cm}$

$\varepsilon_{cu} = 0.003$

$\varepsilon_t = 0.003 \times (55 - 23.717) / 23.717 = 0.00396$

介於 0.002~0.005 為過渡斷面，且 fps < fpu，
故鋼鍵未被拉斷。

107 年專門職業及技術人員高等考試試題／鋼結構設計

一、如圖,有一中間設有細縫(slit)之鋼板受拉力作用,此鋼件考慮分別使用應力-應變關係不同之兩種鋼材 A 與 B 製作。

　　(一)忽略應力／應變集中進行分析,試推估兩種材料之鋼件受最大拉力時標點間伸長量為何?(15 分)

　　(二)說明降伏比對鋼件伸長量之影響。(10 分)

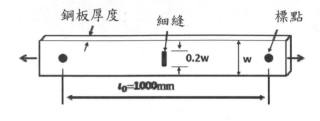

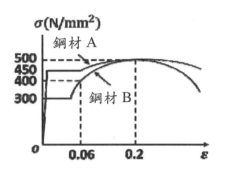

參考題解

(一)兩種材料標示點間伸長量

　　設鋼板厚度 t,於隙縫交界處切自由體,取力平衡

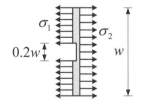

$$\Sigma F = 0$$

$$\Rightarrow \sigma_1 \times (w - 0.2w)t = \sigma_2 wt$$

$$\Rightarrow \sigma_2 = 0.8\sigma_1$$

　1. 鋼材 A

　　當 $\sigma_{1,A}$ 達極限應力時, $\sigma_{1,A} = 500\ MPa$

　　$\sigma_{2,A} = 0.8\sigma_{1,A} = 0.8 \times 500 = 400\ MPa$

　　比對題目給定的應力應變圖,當 $\sigma = \sigma_{2,A} = 400\ MPa$ 時, $\varepsilon \approx 0.006$

　　$\Rightarrow \delta_A = \varepsilon L = 0.006 \times 1000 = 6\ mm$

　2. 鋼材 B

當 $\sigma_{1,B}$ 達極限應力時， $\sigma_{1,B} = 500\ MPa$

$\sigma_{2,B} = 0.8\sigma_{1,B} = 0.8 \times 500 = 400\ MPa$

比對題目給定的應力應變圖，當 $\sigma = \sigma_{2,B} = 400\ MPa$ 時， $\varepsilon = 0.06$

$\Rightarrow \delta_B = \varepsilon L = 0.06 \times 1000 = 60\ mm$

（二）降伏比對鋼件伸長量之影響

降伏比指的是材料的降伏應力與抗拉（極限）應力的比值，以本題的鋼材 A 而言，其降

伏比 $= \dfrac{\sigma_y}{\sigma_u} = \dfrac{450}{500} = 0.9$ ；以本題的鋼材 B 而言，其降伏比 $= \dfrac{\sigma_y}{\sigma_u} = \dfrac{300}{500} = 0.6$ 。

降伏比越低，代表鋼材從降伏應力發生到極限應力前，可增加負荷能力越大。因此當鋼
結構物在外力作用下（如結構設計考慮的載重類型）產生塑性變形時，因加工硬化率限
制塑性變形，而將材料應變均勻分佈到較廣的區域，防止局部斷面因應變量過大產生無
預警斷裂，危及整體結構安全。傳統的高張力鋼板降伏比都在 0.85 左右，而且隨強度等
級的提高，降伏比有增加的趨勢，目前市場上致力開發低降伏比房屋結構用高張力鋼，
其降伏比可低到 0.8 以下，這對於高樓建築耐震能力的提昇有莫大的助益。

註：加工硬化金屬材料在常溫下進行鍛造、壓延或拉拔等塑性加工時，隨著變形量的增加，材
料組織中的晶粒變小，晶界和亞晶界增多，變形抗力增大，導致材料的強度、硬度增大，
而延伸率減小，塑性降低，這種現象稱為加工硬化或加工強化現象。壓延和拉拔等塑性加
工將使金屬材料在單方向產生很大的變形，導致材料的強度和延伸率隨方向的不同而不
同，即產生各向異性。儘管金屬材料具有良好的塑性和延展性，可以通過塑性加工，獲得
設計的形式結構，提高材料的強度和硬度，但是金屬材料承受加工變形的能力是有限的。
當超出這個極限時，材料就會產生破壞。

二、鋼構架中有一柱長 400 cm，採用板厚 3.2 cm、寬度 80 cm 之箱型斷面。分析後得知柱
需承受壓力 1,119 tf，且 2 方向有效長度係數分別為 2.284 與 2.397。鋼材降伏強度 3.3
tf/cm²，而揚氏係數 2,040 tf/cm²。試依極限設計法（LRFD）檢核上述柱構件之強度設計。
（25 分）

參考公式：$\lambda_c = \dfrac{kL}{\pi r}\sqrt{\dfrac{F_y}{E}}$ ；$\lambda_c > 1.5$ ，$F_{cr} = \dfrac{0.877}{\lambda_c^2} F_y$ ；$\lambda_c \le 1.5$ ，$F_{cr} = e^{-0.419\lambda_c^2} F_y$

參考題解

（一）檢核斷面肢材結實性，確認是否符合半結實斷面

$$\lambda = \frac{b}{t} = \frac{80 - 3.2 \times 2}{3.2} = 23$$

$$\lambda_r = \frac{63}{\sqrt{F_y}} = \frac{63}{\sqrt{3.3}} = 34.68$$

$\lambda < \lambda_r \;\Rightarrow\;$ 半結實肢材

（二）計算細長比

因為斷面為雙對稱，故兩個方向迴轉半徑 r 會相同，又兩個方向有效長度係數為 2.284（定義為 K_x）與 2.397（定義為 K_y），$\dfrac{K_x L}{r_x} < \dfrac{K_y L}{r_y}$，故挫屈繞 y 軸發生

求 $r_y = \sqrt{\dfrac{I_y}{A}}$

1. I_y

$$I_y = \frac{1}{12} \times 80^4 - \frac{1}{12} \times (80 - 3.2 \times 2) \times (80 - 3.2 \times 2)^3$$
$$= 968045 \; cm^4$$

2. $A = 80^2 - (80 - 3.2 \times 2)^2 = 983.04 \; cm^2$

3. $r_y = \sqrt{\dfrac{I_y}{A}} = \sqrt{\dfrac{968045}{983.04}} = 31.38 \; cm$

4. $\dfrac{K_y L}{r_y} = \dfrac{2.397 \times 400}{31.38} = 30.55$

（三）判斷壓力桿件挫屈型態

1. 計算 λ_c

$$\lambda_c = \frac{KL}{\pi r}\sqrt{\frac{F_y}{E}} = \frac{30.55}{\pi}\sqrt{\frac{3.3}{2040}} = 0.391$$

2. 檢核 $\lambda_c \leq 1.5$，判斷挫屈型態

0.391 < 1.5 $\Rightarrow$ 非彈性挫屈，依題意參考公式 $F_{cr} = e^{-0.419\lambda_c^2} \cdot F_y$

（四）計算 P_n

1. $F_{cr} = e^{-0.419\lambda_c^2} \cdot F_y = e^{-0.419 \cdot 0.391^2} \times 3.3 = 3.10 \; tf/cm^2$

2. $P_n = F_{cr} A = 3.10 \times 983.04 = 3047.42 \; tf$

（五）計算 $\phi_c P_n$

$\phi_c P_n = 0.85 \times 3047.42 = 2590.31 \; tf$

（六）檢核 $\phi_c P_n \geq P_u$

2590.31 > 1119 $ok!$

另 解

本題為箱型柱，依據國內鋼結構設計規範中極限設計法規定，

（一）～（三）步驟同上，

（四）計算 P_n

$$F_{cr} = \left(0.211\lambda_c^3 - 0.57\lambda_c^2 - 0.06\lambda_c + 1.0\right)F_y$$
$$= \left(0.211\times0.391^3 - 0.57\times0.391^2 - 0.06\times0.391 + 1.0\right)\times3.3$$
$$= 2.98 \ tf/cm^2$$

（五）計算 $\phi_c P_n$

$$P_n = F_{cr}A = 2.98\times983.04 = 2929.46 \ tf$$
$$\phi_c P_n = 0.85\times2929.46 = 2490.04 \ tf$$

（六）檢核 $\phi_c P_n \geq P_u$

檢核 $\phi_c P_n \geq P_u$

2490.04 > 1119 $ok!$

三、試以容許應力設計法（ASD）檢核圖中 SN400B 鋼箱型柱-H 型梁接頭之銲接尺寸。梁翼與梁腹負擔彎矩分別為 M_f = 124.5 kNm 與 M_w = 25.5 kNm。梁腹銲喉斷面模數 $S_w = \dfrac{2\times6/\sqrt{2}\times388^2}{6}\times10^{-3} = 212.9\text{cm}^3$，而銲道外側拉應力 $\tau_{w1} = \dfrac{M_w}{S_w} = 119.8$ N/mm²。銲道容許應力 $f_a = 90.5$ N/mm²。（30 分）

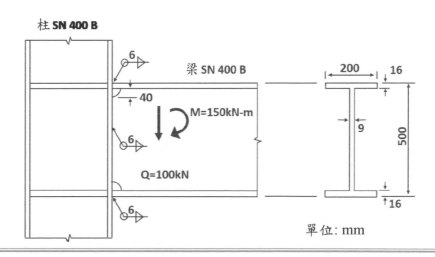

單位: mm

參考題解

（一）計算銲道形心

　　因上、下翼板及腹板皆為全周銲，故銲道形心位於位於正中央。

（二）結構分析

　　1.　$V = Q = 100 \, kN \, (\downarrow)$

　　2.　$M_x = M = 150 \, kN - m$

（三）計算剪力 V 引致的直剪應力 f_v

　　1.　$A_w = \Sigma L t_e$

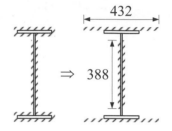

　　　　（1）上、下翼板銲道長 $= (200 + 16) \times 2 = 432 \, mm$

　　　　（2）腹板銲道長 $= \left[(500 - 16 \times 2 - 40 \times 2) \right] \times 2 = 776 \, mm$

　　　　（3）銲喉 $t_e = 6 \times 0.707 = 4.24 \, mm$

　　　　（4）$A_w = \Sigma L t_e = (432 + 432 + 776) \times 4.24$
　　　　　　　　$= 6954 \, cm^2$

　　2.　計算 f_v

$$\Rightarrow f_v = \frac{V}{A_w} = \frac{100 \times 10^3}{6954} = 14.38 \, MPa$$

（四）計算彎矩 M_x 引致的銲道彎剪應力 f_b，受彎矩最大處為翼板外緣

　　1.　計算慣性矩 I_x

$$I_x = \Sigma \left(I_o + A d_i^2 \right)$$
$$= 2 \left[\frac{1}{12} \times 4.24 \times (500 - 16 \times 2 - 40 \times 2)^3 \right] + 2 \left[(432 \times 4.24) \times 250^2 \right]$$
$$= 270237158 \, mm^4$$

　　2.　f_b

$$f_b = \frac{M_x y_i}{I_x} = \frac{(150 \times 10^3 \times 10^3) \times \dfrac{500}{2}}{270237158} = 138.77 \, MPa$$

（五）計算合成剪應力 f

$$f = \sqrt{f_v^2 + f_b^2}$$
$$= \sqrt{14.38^2 + 138.77^2}$$
$$= 139.51 \, MPa$$

（六）銲道容許強度 $\dfrac{R_{nw}}{\Omega}$

$$\frac{R_{nw}}{\Omega} = f_a = 90.5 \ MPa$$

（七）檢核銲道剪力強度

$$check \ \frac{R_{nw}}{\Omega} > f$$
$$\Rightarrow \ 90.5 < 139.51 \quad NG!$$

四、除施工程序書另有規定，建築鋼結構那些部位不予塗裝？（20分）

參考題解

塗裝作業應依據施工程序書，除施工程序書另有規定外，下列部位不得塗裝：

（一）工地銲接部位，及其相鄰接兩側各 100mm 範圍內之區域。

（二）摩阻式高強度螺栓接合面。

（三）埋件（將埋入混凝內之埋件及構件），但距混凝土表面 100mm 深度內仍須塗裝。

（四）軸件，滾輪等密著接觸面或迴轉面。

（五）密閉空間之內露面。

另一般 SRC 工程一般並不塗裝，另有特殊要求者除外。

107 年專門職業及技術人員高等考試試題／結構動力分析與耐震設計

一、下圖為一單層剪力屋（shear building），已知樓層總重 $W = 70$ kN，樓高 $H = 3$ m，跨距 $L = 6$ m，柱斷面之撓曲剛度 $EI = 5000$ kN-m²。此剪力屋架以對角斜稱方式裝設一線性黏性阻尼器，阻尼係數為 C（kN-sec/m）。假設此系統之阻尼完全由阻尼器提供（亦即忽略結構之固有阻尼）。

（一）假設線性黏性阻尼器所提供之系統阻尼比為 5%，試求 C 值。（15 分）

（二）依（一）之假設，若此剪力屋受地震激發，其 5%阻尼比加速度彈性反應譜 S_a 表為

$$S_a = \frac{0.15g}{T} \le 0.3g$$

上式中 T 為結構週期（sec），$g = 9.8$ m/sec²。試求單層剪力屋相對於地表之最大水平位移與阻尼器之最大出力。（10 分）

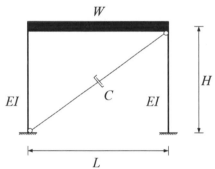

解題重點

本題為單自由度含黏滯性阻尼震動反應及剪力屋架題型，為結構動力學基本題型。

參考題解

（一）求解 C 值：

$$m = 70kN / 9.81 = 7.143 \text{ tf}$$

$$k = 2 \times \frac{12EI}{H^3} = 2 \times 12 \times 5000/3^3 = 4444 \text{ kN/m}$$

$$\omega = \sqrt{\frac{k}{m}} = \sqrt{\frac{4444}{7.143}} = 24.94 \text{ rad/sec}$$

$$\xi = \frac{C}{2m\omega} = 0.05$$

$$C = 0.05 \times 2 \times 7.143 \times 24.94 = 17.81 \text{ kN-s/m}$$

（二）求解結構反應及阻尼力：

因阻尼比很小，$\omega_d \fallingdotseq \omega = 24.94$ rad/sec

$\quad$ T $= 2\pi / \omega = 0.252$ sec

$\quad$ $S_a = 0.15 / 0.252g = 0.59g$

採用$S_a = 0.3g$

最大速度：

$\quad$ $S_v = \dfrac{S_a}{\omega} = 0.3 \times 9.8 / 24.94 = 0.118$ m/sec

阻尼器最大出力：

$\quad$ Fc $= C \times S_v = 17.81 \times 0.118 \times 6 / \sqrt{6^2 + 3^2} = 1.88$ kN

最大水平位移：

$\quad$ $S_d = \dfrac{S_a}{\omega^2} = 0.3 \times 9.8 / 24.94^2 = 0.00473$m

---

二、Newmark $S_{pa} - S_{pv} - S_d - T$ 三軸向地震設計反應譜（Tripartite Spectrum），如圖之 $a - b - c - d - e - f$ 所示；其中 S_{pa}、S_{pv}、S_d 及 T 均為對數尺度（log scale）。該設計反應譜型式至今仍被世界各國耐震設計規範奉為圭臬。

（一）試由 $S_{pv} = T \cdot S_{pa}/2\pi$ 及 $S_{pv} = 2\pi \cdot S_d/T$ 推導及說明 $S_{pa} - S_{pv} - S_d - T$ 三軸座標系統的建置原理。（15 分）

（二）試詳細說明交通部「公路橋梁耐震設計規範」設計地震反應譜（如表）之型式與 Newmark 三軸向地震設計反應譜 $a - b - c - d - e - f$ 的關聯性。（10 分）

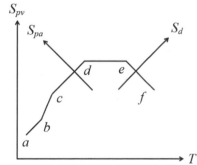

零週期	較短週期	短週期	中長週期
T = 0	$0 \leq T \leq 0.2 T_0^D$	$0.2 T_0^D \leq T \leq T_0^D$	$T_0^D < T$
$S_{aD} = 0.4 S_{DS}$	$S_{aD} = S_{DS} (0.4 + 3T/T_0^D)$	$S_{aD} = S_{DS}$	$S_{aD} = S_{D1}/T$

解題重點

本題須了解 Newmark 三向地震反應譜及設計反應譜的繪製原則及方法，並清楚規範各週期範圍之意義，才能寫出正確解答。

參考題解

（一）公式推導：

由 $S_{pv} = \frac{T}{2\pi} S_{pa}$

等號二邊各取對數得 $\log(S_{pv}) = \log(\frac{T}{2\pi} S_{pa})$

$\log(S_{pv}) = \log T + \log(S_{pa}/2\pi)$

上式中當 S_{pa} 為常數時，表示 $\log(S_{pv})$ 與 $\log T$ 成 45 度斜直線關係。

由 $S_{pv} = \frac{2\pi}{T} S_d$

等號二邊各取對數得 $\log(S_{pv}) = \log(\frac{2\pi}{T} S_d)$

$\log(S_{pv}) = -\log T + \log(2\pi S_d)$

當 S_d 為常數時，表示 $\log(S_{pv})$ 與 $\log T$ 成 135 度斜直線關係。

將上述 S_{pv}，S_d 及 S_{pa} 同時繪於圖上，即為 Newmark 三軸向地震設計反應譜。

（二）線段 a~f 段規範與 Newmark 比較說明如下：

a-b 段（同規範零週期段）及 c-d 段（同規範短週期），規範加速度為定值，Newmark 圖為等加速度段。

d-e 段為 Newmark 圖為等速度段。

b-c 段（同規範較短週期段），規範加速度為線性關係，Newmark 圖為線性關係段。

e-f 段（同規範中長週期段），規範為加速度與 1/T 成正比，Newmark 圖為等位移段。

三、試由內政部「建築物耐震設計規範及解說」之地震力豎向分配與結構動力學之地震力豎向分配的比較，詳細說明為何「建築物耐震設計規範及解說」中規定：建築物具勁度立面不規則性（軟層）或質量不規則性時，須進行動力分析。（25 分）

參考題解

耐震設計規範靜力分析章節中，所述地震力豎向分配乃是以 $F_x = \frac{(V - F_t) W_x h_x}{\sum_{i=1}^{n} W_i h_i}$ 為分配原則，其乃

是採用結構動力學中，第一模態直接分配而成，地震力分配近似倒三角形，若結構勁度立面不規則，假若結構週期為法規週期控制，亦即地震力相同，則靜力分析所得地震力與勁度規則時分配將相同，明顯不合理，一般來說，應於勁度較大之處會有較大之地震力產生，因顯示不出結構差異性，故必須採用動力分析方式，將其他模態，對結構有較大影響之部分，於分析時採

用 SRS 或 CQC 併入考量，才合理。

當質量不規則時，靜力分析所得地震力與質量規則時分配將稍微不同，但是否能顯示出真正地震來時，結構物因質量較大之樓層，應該地震力影響亦較大，此種正確模式，故亦必須採用動力分析方式，將其他模態，於質量較大樓層，對結構會有重要影響之模態，於分析時一併考量，如此才能達到結構安全設計之目的。

四、一隔震結構其上部結構假設為剛體，而設計水平譜加速度係數表示為：「$S_a = 0.48 / T$，$S_a \leq 0.8$，$T=$ 結構週期」。隔震系統之設計目標訂為：設計位移 $D = 25$ cm，傳遞設計水平加速度 $A = 0.08\,g$，$g = 980$ cm/sec^2。若隔震系統採用摩擦單擺支承（friction pendulum bearing），試求隔震支承之曲率半徑 R 及摩擦係數 μ。（25分）

提示：

$$D = \left[\frac{g}{4\pi^2}\right] S_a T_e^2 / B$$

$$T_e = 2\pi \sqrt{\frac{1}{(\frac{1}{R} + \frac{\mu}{D})g}}$$

$$\xi_e = \frac{2}{\pi} \frac{\mu}{\frac{D}{R} + \mu}$$

ξ_e (%)	B
≤ 2	0.80
5	1.00
10	1.25
20	1.50
30	1.63
40	1.70
≥ 50	1.75

解題重點

本題重點為隔震週期廣義定義必須清楚，以及何謂傳遞水平加速度，如何定義，若不清楚，將無法解出正確答案。

參考題解

由 $K_{eff}D_D = 0.08 \times W$

$$T_e = 2\pi \sqrt{\frac{1}{(\frac{1}{R} + \frac{\mu}{D})g}} = 2\pi \sqrt{\frac{W}{gk_{eff}}} = 2\pi \sqrt{\frac{D_D}{0.08g}} = 3.548\ sec$$

$$S_a = \frac{0.48}{T_e} = 0.48 / 3.548 = 0.1352$$

由 $D = g/4\pi^2 \times 0.1352 \times 3.548^2/B = 0.25$

$B = 1.69$ 由表內插 $\xi_e = 0.3 + (1.69 - 1.63) / (1.7 - 1.63) \times 0.1 = 0.3857$

由 $T_e = 2\pi \sqrt{\dfrac{1}{(\frac{1}{R}+\frac{\mu}{D})\,g}}$ $\qquad (\dfrac{1}{R} + \dfrac{\mu}{D}) = 1/((3.548/2\pi)\,2 \times 9.8) = 0.32$

由 $\xi_e = \dfrac{2\mu}{\pi D (\frac{1}{R}+\frac{\mu}{D})}$ $\qquad$ 摩擦係數 $\quad \mu = 0.0487$

由 $\left(\dfrac{1}{R} + \dfrac{\mu}{D}\right) = 0.32$ $\qquad$ 曲率半徑 $\quad R = 7.99\text{m}$

107 年專門職業及技術人員高等考試試題／結構學

一、如下圖 8 層樓平面構架以貫通全樓高的剪力牆加勁，假設剪力牆提供的樓層水平勁度為
　　構架的 5 倍，且構架與剪力牆之間使用只能承受軸力的連桿連接。若各樓層承受相等的
　　水平力 F 作用，如下圖。（一）不需經過精確分析，請分別繪出構架與剪力牆所受的樓
　　層水平力分布示意圖，圖中請以虛線畫上外力 F，並依此比例標畫水平力大小，以資比
　　較。（二）請解釋題（一）中水平力分布圖的理由。（25 分）

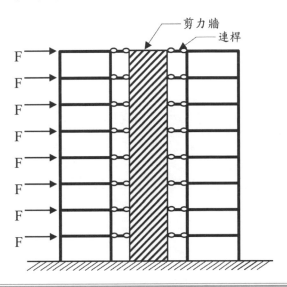

參考題解

（一）構架與剪力牆受力如圖（a）所示。

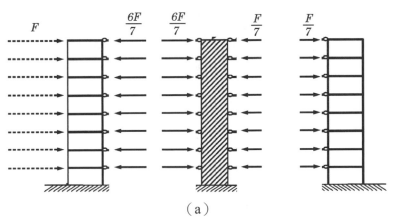

（a）

（二）以如圖（b）所示之簡化模型作說明，三根桿件以剛性二力構件相連接。中間桿件之水平
　　勁度為兩側桿件的 5 倍。

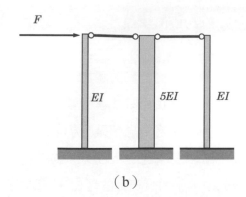

（b）

各桿受力如圖（c）所示，為滿足各桿件端點位移量相同之相合條件，中間桿件所受之合力應為兩側桿件的 5 倍。亦即

$$P_1 - P_2 = 5P_2 \qquad 及 \qquad F - P_1 = P_2$$

聯立解得

$$P_1 = \frac{6F}{7} \; ; \; P_2 = \frac{F}{7}$$

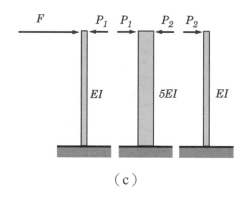

（c）

二、撓曲構架如下圖，在水平桿件 BC 中央承受向下外力 P 作用。假設所有桿件 EI 值固定且長度均為 L，軸向變形及剪力變形均可忽略。請畫結構圖並定義自由度編號，然後建立勁度矩陣及節點外力向量，並以直接勁度法求解各自由度位移（以其他方法計算不予計分）。接著，請繪製彎矩圖，必須標示所有桿件節點處、局部最大或最小處之值。（25 分）

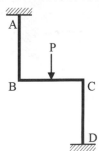

參考題解

（一）設定如圖（a）中之結構作標（r_1，r_2）及桿件作標（q_1，q_2，q_3）。當只有 $r_1 = 1$ 時，參圖（b）所示，其中

$$T_{11} = T_{21} = -\frac{6EI}{L^2} \ ; \ T_{31} = 0 \ ; \ V_{BA} = -\frac{12EL}{L^3}$$

故有

$$K_{11} = \frac{12EL}{L^3} \ ; \ K_{21} = -\frac{6EI}{L^2}$$

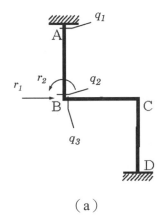

（a）　　　　　　　　　　（b）$r_1 = 1$

（二）當只有 $r_2 = 1$ 時，參圖（c）所示，其中

$$T_{12} = \frac{2EI}{L} \ ; \ T_{22} = \frac{4EI}{L} \ ; \ T_{32} = \frac{2EI}{L} \ ; \ V_{BA} = \frac{6EL}{L^2}$$

故有

$$K_{12} = -\frac{6EI}{L^2} \ ; \ K_{22} = \frac{6EI}{L}$$

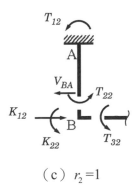

（c）$r_2 = 1$

（三）合併上述結果可得

$$[Q] = [T][r] = \begin{bmatrix} -6EI/L^2 & 2EI/L \\ -6EI/L^2 & 4EI/L \\ 0 & 2EI/L \end{bmatrix} \begin{bmatrix} r_1 \\ r_2 \end{bmatrix}$$

以及

$$[R] = [K][r] = \begin{bmatrix} 12EI/L^3 & -6EI/L^2 \\ -6EI/L^2 & 6EI/L \end{bmatrix} \begin{bmatrix} r_1 \\ r_2 \end{bmatrix}$$

上述之 $[K]$ 即為結構勁度矩陣。

（四）BC 段之固端內力如圖（d）所示，故有固端彎矩矩陣 $[FE]$ 為

$$[FE] = \begin{bmatrix} 0 & 0 & \dfrac{PL}{8} \end{bmatrix}^t$$

又等值節點載重如圖（e）所示，故有節點外力向量 $[R]$ 為

$$[R] = \begin{bmatrix} 0 & -\dfrac{PL}{8} \end{bmatrix}^t$$

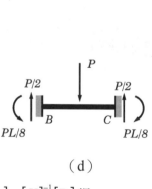

（d）

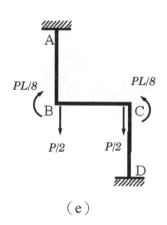

（e）

（五）由 $[r] = [K]^{-1}[R]$ 得

$$\begin{bmatrix} r_1 \\ r_2 \end{bmatrix} = [K]^{-1}[R] = \begin{bmatrix} -\dfrac{PL^3}{48EI} \\ -\dfrac{PL^2}{24EI} \end{bmatrix}$$

又桿端彎矩矩陣為

$$\begin{bmatrix} M_{AB} \\ M_{BA} \\ M_{BC} \end{bmatrix} = [FE] + [T][r] = \begin{bmatrix} PL/24 \\ -PL/24 \\ PL/24 \end{bmatrix}$$

依上述結果，可得彎矩圖如圖（f）所示

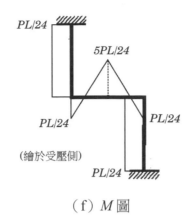

PL/24

5PL/24

PL/24   PL/24

(繪於受壓側)

PL/24

（f）M 圖

三、如下圖結構在 D 點受 100 kN 向下集中力作用，試以最小功法求纜索 AE 及 BF 的內力，並繪梁 A～D 之彎矩圖。圖中粗黑實線表示梁柱桿件，斷面 EI 值皆為 $1000\,kN\text{-}m^2$，忽略軸向及剪切變形；細虛線表示只承受拉力的纜索，斷面 EA 值為 $500\,kN$。（25分）

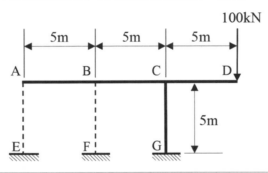

100kN

5m   5m   5m

A   B   C   D

5m

E   F   G

參考題解

（一）如圖（a）所示，取 S_1 及 S_2 為取為贅餘力，各段桿件之內力函數分別為

$$M_1 = S_1 x \;；\; M_2 = S_1(L+x) + S_2 x \;；\; M_3 = Px$$

$$M_G = 2LS_1 + LS_2 - PL$$

故系統應變能 U 為

$$U = \int_0^L \frac{M_1^2 dx}{2EI} + \int_0^L \frac{M_2^2 dx}{2EI} + \int_0^L \frac{M_3^2 dx}{2EI} + \int_0^L \frac{M_G^2 dx}{2EI} + \frac{S_1^2 L}{2AE} + \frac{S_2^2 L}{2AE}$$

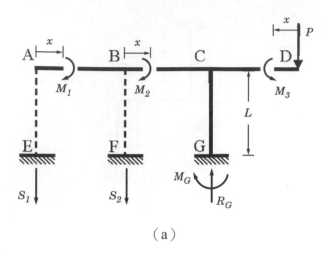

（a）

（二）依最小功法應有

$$\frac{\partial U}{\partial S_1} = 0 \quad 及 \quad \frac{\partial U}{\partial S_2} = 0$$

由上列二式可得

$$0.843 S_1 + 0.354 S_2 = 25$$
$$0.354 S_1 + 0.177 S_2 = 12.5$$

聯立解出

$$S_1 = -0.408 kN \text{（壓力）}; \quad S_2 = 71.560 kN \text{（拉力）}$$

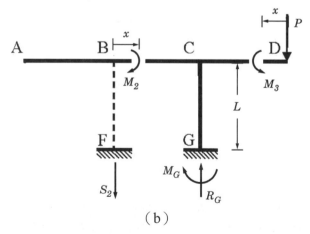

（b）

（三）依題意纜索只能承拉力，故 S_1 應取為零。所以，結構受力應如圖（b）所示，其中

$$M_2 = S_2 x \ ; \ M_3 = Px \ ; \ M_G = LS_2 - PL$$

系統應變能 U 為

$$U = \int_0^L \frac{M_2^2 dx}{2EI} + \int_0^L \frac{M_3^2 dx}{2EI} + \int_0^L \frac{M_G^2 dx}{2EI} + \frac{S_2^2 L}{2AE}$$

依最小功法應有 $\dfrac{\partial U}{\partial S_2}=0$，解得

$S_2 = 70.74 kN$ （拉力）

樑 ABCD 之彎矩圖如圖（c）所示。

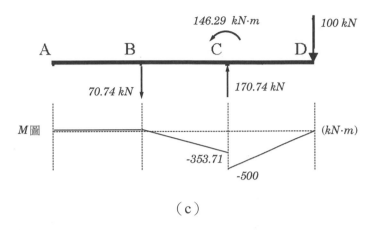

（c）

四、靜不定橋梁結構如下圖，A、E 為滾支承，F、G 為固定支承。請在上部梁 A-B-C-D-E 上繪出中點 C 向下位移的影響線。請註明正負並標明所有局部最大、最小值。假設所有斷面 EI 皆為 800 kN-m²，且只考慮撓曲變形，不計軸向變形和剪切變形。靜不定結構分析方法不限制。（25 分）

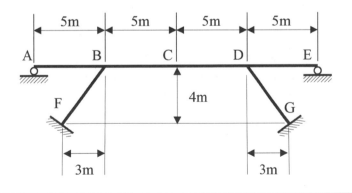

參考題解

（一）考慮如圖（a）所示之結構，依投影法可得各桿件之轉角關係為

$$\phi_1 = \phi_3 = \frac{3}{5}\phi_4 \ ; \ \phi_2 = -\frac{3}{5}\phi_4 \ ; \ \phi_5 = \phi_4$$

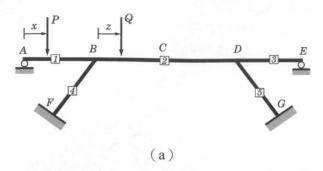

（a）

又 Ab 及 BD 桿件的固端彎矩如圖（b）所示，其中為

$$H_{BA} = -\frac{Px\left(25 - x^2\right)}{50}$$

$$F_{BD} = \frac{Q\,z\left(10 - z\right)^2}{100} \;;\; F_{DB} = -\frac{Q\,z^2\left(10 - z\right)}{100}$$

$$x \downarrow P \qquad H_{BA}$$

（b）

（二）由傾角變位法公式，各桿端彎矩分別可表為

$$M_{BA} = 3\bar{\theta}_B - \frac{9}{5}\bar{\phi} + H_{BA} \;;\; M_{BF} = 4\bar{\theta}_B - 6\bar{\phi} \;;\; M_{BD} = 2\bar{\theta}_B + \bar{\theta}_D + \frac{9}{5}\bar{\phi} + F_{BD}$$

$$M_{FB} = 2\bar{\theta}_B - 6\bar{\phi} \;;\; M_{DB} = \bar{\theta}_B + 2\bar{\theta}_D + \frac{9}{5}\bar{\phi} + F_{DB} \;;\; M_{DG} = 4\bar{\theta}_D - 6\bar{\phi}$$

$$M_{DE} = 3\bar{\theta}_D - \frac{9}{5}\bar{\phi} \;;\; M_{GD} = 2\bar{\theta}_D - 6\bar{\phi}$$

上列式中之 $\bar{\theta}_B = \frac{EI}{5}\theta_B$ ；$\bar{\theta}_D = \frac{EI}{5}\theta_D$ ；$\bar{\phi} = \frac{EI}{5}\phi_4$。考慮 B 點及 D 點的隔矩平衡，

可得

$$9\bar{\theta}_B + \bar{\theta}_D - 6\bar{\phi} = -\left(H_{BA} + F_{BD}\right) \qquad ①$$

$$\bar{\theta}_B + 9\bar{\theta}_D - 6\bar{\phi} = -F_{DB} \qquad ②$$

再參圖（c），由 $\Sigma M_J = 0$ 可得

$$20\bar{\theta}_B + 20\bar{\theta}_D - 59.2\bar{\phi} = -2H_{BA} + Px + Q\left(5 - z\right) \qquad ③$$

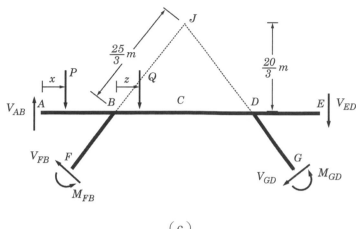

（c）

（三）當一單位力在 AB 段移動時，上述各式中之 $P=1$ ；$Q=0$ 。聯立①式至③式，可解出

$$\overline{\theta}_B = \left(-2.25x^3 + 39.21x\right) \times 10^{-3} \ ; \ \overline{\theta}_D = \left(0.25x^3 - 23.30x\right) \times 10^{-3}$$

$$\overline{\phi} = \left(-28.41x\right) \times 10^{-3}$$

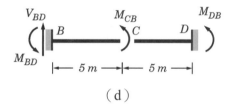

（d）

再由 BCD 段桿件，參圖（d）所示可得

$$M_{BC} = M_{BD} = 4\overline{\theta}_B + 2\overline{\theta}_C - 6\overline{\phi}_{BC}$$

$$M_{CB} = 2\overline{\theta}_B + 4\overline{\theta}_C - 6\overline{\phi}_{BC}$$

聯立二式得

$$\overline{\phi}_{BC} = \frac{\overline{\theta}_B}{4} - \frac{\overline{\theta}_D}{4} - \frac{3}{5}\overline{\phi} = \left(-0.625x^3 + 32.67x\right) \times 10^{-3}$$

C 點之垂直位移 Δ_C 可表為

$$\Delta_C = 5\phi_1 + 5\phi_{BC} = 3\phi_4 + 5\phi_{BC} = \frac{5}{EI}\left(3\overline{\phi} + 5\overline{\phi}_{BC}\right)$$

將前述結果代入上式，可得當一單位力在 AB 段移動時，C 點垂直位移之影響線函數 $\Delta_C(x)$ 為

$$\Delta_C(x) = \left(-0.0195x^3 + 0.488x\right) \times 10^{-3} \qquad \left(0 \leq x \leq 5m\right) \qquad ④$$

其圖形如圖（f）中所示。

（四）當一單位力在 BC 段移動時，上述各式中之 $P=0$ ；$Q=1$ 。聯立①式至③式，可解出

$$\bar{\theta}_B = \left[-14.659z(10-z)^2 + 2.159z^2(10-z) + 170.455(z-5) \right] \times 10^{-4}$$

$$\bar{\theta}_D = \left[-2.159z(10-z)^2 + 14.659z^2(10-z) + 170.455(z-5) \right] \times 10^{-4}$$

$$\bar{\phi} = \left[-5.682z(10-z)^2 + 5.682z^2(10-z) + 284.09(z-5) \right] \times 10^{-4}$$

再由 BCD 段桿件，參圖（e）所示可得

$$M_{BC} = M_{BD} = \left(4\bar{\theta}_B + 2\bar{\theta}_C - 6\bar{\phi}_{BC} \right) + F_{BC}$$

$$M_{CB} = \left(2\bar{\theta}_B + 4\bar{\theta}_C - 6\bar{\phi}_{BC} \right) + F_{CB}$$

聯立二式得

$$\bar{\phi}_{BC} = \frac{1}{6} \left[\frac{3\bar{\theta}_B}{2} - \frac{3\bar{\theta}_D}{2} - \frac{18}{5}\bar{\phi} + K(z) \right]$$

其中

$$K(z) = \frac{100z - z^2(10-z) - 5z(10-z)^2 + 8z^2(5-z) + 16z(5-z)^2}{200}$$

因此，當一單位力在 BC 段移動時，C 點垂直位移之影響線函數 $\Delta_C(z)$ 為

$$\Delta_C(z) = 5\phi_1 + 5\phi_{BC} = \frac{5}{EI}\left(3\bar{\phi} + 5\bar{\phi}_{BC} \right)$$

$$\qquad\qquad\qquad\qquad (0 \le z \le 5m) \qquad\qquad ⑤$$

$$= \frac{25}{EI}\left[\frac{\bar{\theta}_B}{4} - \frac{\bar{\theta}_D}{4} + \frac{K(z)}{6} \right]$$

其圖形如圖（f）中所示

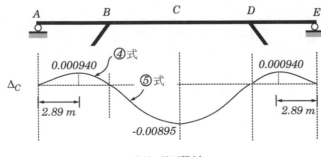

（f）影響線

107 年專門職業及技術人員高等考試試題／土壤力學與基礎設計

一、某建物下方有一黏土層，建物載重施加 200 天後，造成 234 mm 壓密沉陷。依據實驗室
壓密試驗結果顯示，此沉陷量對應 30% 的總壓密沉陷 量。假設在壓密過程黏土層的壓
密係數保持不變，試分別計算此建物載重施加 1 年、2 年、3 年及 4 年造成黏土層之壓
密沉陷量。（25 分）

參考題解

時間因素 $T_v = \frac{c_v t}{H_{dr}^2}$，壓密係數 c_v 保持不變，H_{dr} 相同

$\frac{(T_v)_1}{(T_v)_2} = \frac{\frac{c_v t_1}{H_{dr}^2}}{\frac{c_v t_2}{H_{dr}^2}} = \frac{t_1}{t_2}$，得 $(T_v)_1 = (T_v)_2 \frac{t_1}{t_2}$

另平均壓密度 $U \le 60\%$，$T_v = \frac{\pi}{4}\left(\frac{U\%}{100}\right)^2$；$U > 60\%$，$T_v = 1.781 - 0.933\log(100 - U\%)$

$U = 30\%$，$T_v = \frac{\pi}{4}(0.3)^2 = 0.0707$

總壓密沉陷量 $\Delta H_c = 234/0.3 = 780mm$

載重施加 1 年：$(T_v)_{1yr} = (T_v)_{200day} \frac{t_{1yr}}{t_{200day}} = 0.0707 \times \frac{365}{200} = 0.129$

$T_v = \frac{\pi}{4}\left(\frac{U\%}{100}\right)^2$，$0.129 = \frac{\pi}{4}\left(\frac{U\%}{100}\right)^2$，得 $U = 40.5\%$

壓密沉陷量 $\Delta H_{1yr} = 780 \times 0.405 = 315.9mm$

載重施加 2 年：$(T_v)_{2yr} = 0.0707 \times \frac{365 \times 2}{200} = 0.258$，$0.258 = \frac{\pi}{4}\left(\frac{U\%}{100}\right)^2$，得 $U = 57.3\%$

壓密沉陷量 $\Delta H_{2yr} = 780 \times 0.573 = 446.94mm$

載重施加 3 年：$(T_v)_{3yr} = 0.0707 \times \frac{365 \times 3}{200} = 0.387$，$0.387 = 1.781 - 0.933\log(100 - U\%)$，
得 $U = 68.8\%$，壓密沉陷量 $\Delta H_{3yr} = 780 \times 0.688 = 536.64mm$

載重施加 4 年：$(T_v)_{4yr} = 0.0707 \times \frac{365 \times 4}{200} = 0.516$，$0.516 = 1.781 - 0.933\log(100 - U\%)$，
得 $U = 77.3\%$，壓密沉陷量 $\Delta H_{4yr} = 780 \times 0.773 = 602.94mm$

二、某正常壓密之飽和黏土試體進行壓密不排水（CU）三軸壓縮試驗，施加之圍壓為 100 kPa，在施加軸差應力為 85 kPa 時，試體發生破壞，此時試體之孔隙水壓為 67 kPa。在相同土層取得的第二個黏土試體，也進行壓密不排水三軸試驗，施加之圍壓為 250 kPa，試求：

（一）第二個試體破壞時之軸差應力。（5分）

（二）此黏土之總應力內摩擦角（ϕ_{cu}）及有效應力內摩擦角。（10分）

（三）試體破壞面與水平面的夾角。（5分）

（四）黏土破壞時之水壓參數（A_f）。（5分）

參考題解

CU 試驗各階段總應力、孔隙水壓力及有效應力　　　　　　　　　　　單位：kP_a

	總應力σ	孔隙水壓力u_w	有效應力σ'
加圍壓	$\sigma_v = \sigma_h = 100$	0	$\sigma'_v = \sigma'_h = 100$
加軸差 $\sigma_d = 85$	$\sigma_3 = \sigma_h = 100$ $\sigma_1 = \sigma_v = 185$	$u_f = 67$	$\sigma'_3 = \sigma'_h = 33$ $\sigma'_1 = \sigma'_v = 118$

正常壓密黏土，$c' \approx 0$，$c \approx 0$

$\sigma_1 = \sigma_3 \tan^2\left(45 + \frac{\phi_{cu}}{2}\right)$，$185 = 100\tan^2\left(45 + \frac{\phi_{cu}}{2}\right)$，得總應力內摩擦角 $\phi_{cu} = 17.35°$

$\sigma'_1 = \sigma'_3 \tan^2\left(45 + \frac{\phi'}{2}\right)$，$118 = 33\tan^2\left(45 + \frac{\phi'}{2}\right)$，得有效應力內摩擦角 $\phi' = 34.26°$

圍壓 $250 kP_a$ 之 CU 試驗，$\sigma_1 = 250\tan^2\left(45 + \frac{17.35}{2}\right)$，得 $\sigma_1 = 462.46 kP_a$，
第二個試體破壞時之軸差應力 $\sigma_d = 462.46 - 250 = 212.46 kP_a$

破壞由有效應力控制，破壞面與水平面的夾角 $\alpha_f = 45 + \frac{\phi'}{2} = 62.13°$

由第一個試體，得破壞時之水壓參數 $A_f = \frac{\Delta u_d}{\Delta \sigma_d} = \frac{67}{85} = 0.788$

（一）第二個試體破壞時之軸差應力 $\sigma_d = 212.46 kP_a$

（二）$\phi_{cu} = 17.35°$；$\phi' = 34.26°$。

（三）破壞面與水平面的夾角 $\alpha_f = 62.13°$

（四）破壞時之水壓參數 $A_f = 0.788$

三、某混凝土壩，其下方垂直截水牆及流線網如下圖所示。圖中土壤的滲透 係數 $k = 3.5×10^{-6}$ m/s。請計算：

（一）壩底土層之滲流損失（seepage loss）。（5分）

（二）於 a、b、c、d、e 點之上揚壓力。（20分）

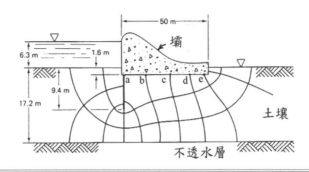

參考題解

（一）上下游總水頭差 $h = 6.3m$

依流網圖，總流槽數 $N_f = 3$，總等勢能間格數 $N_d = 9.4$（下游最後一格 0.4）

取單位寬計算滲流損失（seepage loss）$q = kh\dfrac{N_f}{N_d} = 3.5 × 10^{-6} × 6.3 × \dfrac{3}{9.4} × 1$

得 $q = 7.037 × 10^{-6}\ m^3/sec/m = 0.608\ m^3/day/m$

（二）上揚壓力為該處水壓力，流經 1 個等勢能間格，水頭差 $\Delta h = 6.3/9.4 = 0.67$

a 點之上揚壓力 $u_a = (6.3 + 1.6 - 4.5 × 0.67) × 9.81 = 47.92 kP_a$

b 點之上揚壓力 $u_b = (6.3 + 1.6 - 5 × 0.67) × 9.81 = 44.64 kP_a$

c 點之上揚壓力 $u_c = (6.3 + 1.6 - 6 × 0.67) × 9.81 = 38.06 kP_a$

d 點之上揚壓力 $u_d = (6.3 + 1.6 - 7 × 0.67) × 9.81 = 31.49 kP_a$

e 點之上揚壓力 $u_e = (6.3 + 1.6 - 8 × 0.67) × 9.81 = 24.92 kP_a$

四、某一懸臂式擋土牆如下圖所示，牆高 H = 7.5 m，背填土傾角 $\alpha = 12°$。土壤性質：單位重 $\gamma_1 = 17.8$ kN/m³、有效內摩擦角 $\phi_1 = 32°$、有效凝聚力 $c_1 = 0$ kN/m²、單位重 $\gamma_2 = 16.6$ kN/m³、有效內摩擦角 $\phi_2 = 28°$、有效凝聚力 $c_2 = 30$ kN/m²。假設混凝土單位重 $\gamma_c = 23.55$ kN/m³，被動土壓合力 $P_p = 0$ kN/m，基礎底面之介面有效內摩擦角及有效凝聚力折減係數 $k_1 = k_2 = 2/3$。依據藍金（Rankine）土壓力理論，請計算此擋土牆的：

（一）抗傾覆安全係數。（13分）

（二）抗滑移安全係數。（12分）

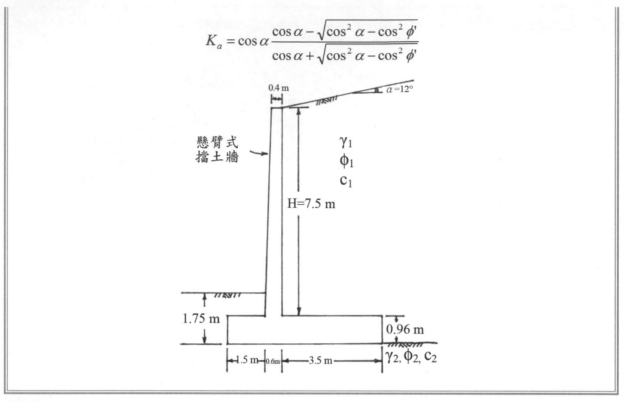

$$K_a = \cos\alpha \frac{\cos\alpha - \sqrt{\cos^2\alpha - \cos^2\phi'}}{\cos\alpha + \sqrt{\cos^2\alpha - \cos^2\phi'}}$$

參考題解

背填土傾斜，依據 Rankine 土壓力理論

土壓力係數 $K_a = \cos\alpha \frac{\cos\alpha - \sqrt{\cos^2\alpha - \cos^2\phi'}}{\cos\alpha + \sqrt{\cos^2\alpha - \cos^2\phi'}} = \cos12 \frac{\cos12 - \sqrt{\cos^2 12 - \cos^2 32}}{\cos12 + \sqrt{\cos^2 12 - \cos^2 32}} = 0.328$

牆高 $H_0 = 0.96 + 7.5 + 3.5\sin12 = 9.19m$（如下圖所示）

單位長度主動土壓力 $P_a = \frac{1}{2}\gamma_1 H_0^2 K_a = \frac{1}{2} \times 17.8 \times 9.19^2 \times 0.328 = 246.54\,kN/m$

作用位置牆高 處$\frac{1}{3}H_0 = \frac{1}{3}(0.96 + 7.5 + 0.73) = 3.06$m，與背填土傾角(12°)相同，如下圖

主動土壓力水平分量：$P_h = P_a\cos\alpha = 246.54 \times \cos12 = 241.15\,kN/m$，$\bar{y} = 3.06$m

主動土壓力垂直分量：$P_v = P_a\sin\alpha = 246.54 \times \sin12 = 51.26\,kN/m$，$\bar{x} = 5.6$m

單位長度重量(kN/m)與作用點對 A 點的力臂(m)

$W_1 = 0.2 \times 7.5 \times 0.5 \times 23.55 = 17.66$，$\overline{x_1} = 1.5 + 0.2 \times 2/3 = 1.63$

$W_2 = 0.4 \times 7.5 \times 23.55 = 70.65$，$\overline{x_2} = 1.5 + 0.2 + 0.5 \times 0.4 = 1.9$

$W_3 = 3.5 \times 0.73 \times 0.5 \times 17.8 = 22.74$，$\overline{x_3} = 1.5 + 0.6 + 3.5 \times 2/3 = 4.43$

$W_4 = 3.5 \times 7.5 \times 17.8 = 467.25$，$\overline{x_4} = 1.5 + 0.6 + 3.5 \times 1/2 = 3.85$

$W_5 = 5.6 \times 0.96 \times 23.55 = 126.60$，$\overline{x_5} = (1.5 + 0.6 + 3.5) \times 1/2 = 2.8$

$W_6 \approx (1.75 - 0.96) \times 1.5 \times 17.8 = 21.09$，$\overline{x_6} \approx 1.5 \times 1/2 = 0.75$

編號	單位長度重量(kN/m)	作用點對 A 點的力臂(m)	力矩(kN − m/m)
1	17.66	1.63	28.79
2	70.65	1.9	134.24
3	22.74	4.43	100.74
4	467.25	3.85	1798.91
5	126.60	2.8	354.48
6	21.09	0.75	15.82

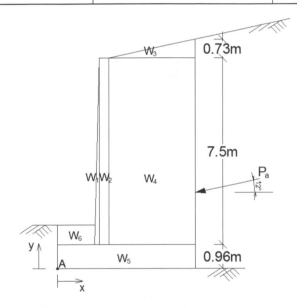

單位長度重量總和 $\sum W_i = 725.99 \, \text{kN/m}$

力矩合 $\sum M_r = 2432.98 \, \text{kN} - \text{m/m}$

（一）抗傾覆安全係數 $FS = \dfrac{\text{對 A 點抵抗力矩}}{\text{對 A 點傾覆力矩}} = \dfrac{2432.98 + 51.26 \times 5.6}{241.15 \times 3.06} = 3.69$

（二）抗滑移安全係數 $FS = \dfrac{\text{作用於牆前被動土壓} + \text{牆底摩擦力}}{\text{牆背側壓力}} = \dfrac{P_p + W\tan\delta + cL}{P_h}$

被動土壓合力 $P_p = 0 \, kN/m^2$，

基礎底面之介面有效內摩擦角及有效凝聚力折減係數 $k_1 = k_2 = 2/3$

得 $FS = \dfrac{725.99 \times \tan(2/3 \times 28) + (2/3) \times 30 \times 5.6}{241.15} = 1.48$

一、圖一所示之結構，剛性梁是由兩根混凝土柱及彈簧所支撐。未加均布載重 $q = 100\,kN/m$ 於剛性梁之前，每根混凝土柱的長度 $L = 2\,m$，每根混凝土柱的截面積 $A = 500\,mm^2$，混凝土柱之楊氏模數 $E = 10\,GPa$；未加載重之前，彈簧的原來長度為 $2.03\,m$，彈簧的彈力常數 $k = 2\,MN/m$。略去混凝土柱及剛性梁的自重，求：施加 $q = 100\,kN/m$ 之均布載重後，混凝土柱的內力 F_c 及彈簧的縮短量 δ_s。（25 分）

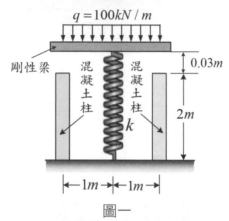

圖一

參考題解

（一）如下圖所示，取 F_c 為贅餘力，可得

$$F_s = 2q - 2F_c \qquad ①$$

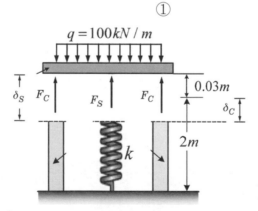

（二）考慮相合條件得

$$\frac{F_s}{k} = \frac{F_c L}{AE} + 0.03 \qquad ②$$

由①式及②式可解得

$$F_c = 50kN \qquad （壓力）$$

又彈簧內力 $F_S = 2q - 2F_C = 100kN$ （壓力），故其為縮短量為

$$\delta_S = \frac{F_S}{k} = 0.05m$$

二、懸臂梁 *AB* 承受均布載重 *q* = 30 *kN / m*，懸臂梁 *AB* 的 *A* 端為滑動支撐（sliding support），*B* 端靜置在簡支梁 *CD* 上，如圖二所示。設懸臂梁 *AB* 及簡支梁 *CD* 之撓曲勁度皆為 *EI* = 25,000 *kN / m²*，求 *A* 點的撓度 δ_A，及 *A* 點的反力。（25分）

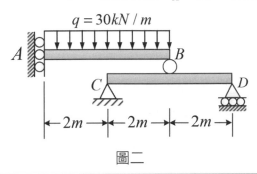

圖二

參考題解

（一）參圖（a）所示可得

$$R_B = 4q = 120kN \; ; \; M_A = 4R_B - (4q)(2) = 240kN \cdot m \; (\circlearrowright)$$

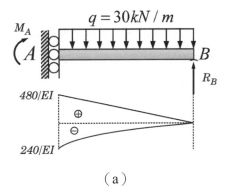

（a）

（二）參圖（b）所示，依彎矩面積法可得

$$\theta_B = \theta_C + \frac{120(2)}{2EI} = 0$$

$$y_B = 2\theta_C + \left(\frac{120}{EI} \times \frac{2}{3}\right)$$

解得

$$\theta_C = -\frac{120}{EI} \ (\circlearrowright)\ ;\ y_B = -\frac{160}{EI} \ (\downarrow)$$

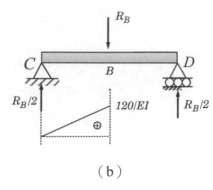

（b）

（三）再參圖（a）所示，依彎矩面積法可得

$$y_B = \delta_A + \left(\frac{960}{EI}\times\frac{8}{3}\right) - \left(\frac{320}{EI}\times 3\right) = -\frac{160}{EI}$$

由上式可解得

$$\delta_A = -\frac{1760}{EI} = -7.04\times10^{-2}m \ (\downarrow)$$

三、圖三(a)之實心圓桿，長 $L = 2\,m$，直徑 $d = 0.06\,m$，在自由端受扭矩 T 作用。此實心圓桿為理想塑性材料，其剪應力 τ ~剪應變 γ 關係如圖三(b)所示。設 T_y 為圓桿剛產生塑性變形之降伏扭矩（yield torque），若施加之扭矩 $T = 1.2T_y$ 時，再卸載，求卸載後之殘留扭轉角ϕ_r（residual twisting angle）。（25 分）

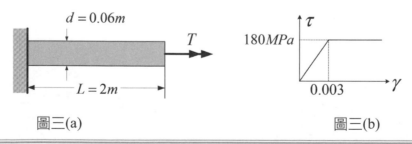

圖三(a)　　　　圖三(b)

參考題解

（一）扭矩$T = T_y$時，令最大剪應力 τ_{max} 等於降伏應力 τ_y，如下

$$\tau_{max} = \frac{T_y(d/2)}{\pi d^4/32} = \tau_y = 180\times10^3\,kN/m^2$$

由上式可得

$$T_y = 7.634kN \cdot m$$

（二）扭矩 $T = 1.2T_y = 9.161kN \cdot m$ 時，若彈性核心知半徑為 e，則有

$$T = \frac{4(d/2)^3 - e^3}{6}\pi\tau_y$$

由上式可得 $e = 0.022m$

（三）卸載後，彈性核心邊緣之殘留應力 τ_r 為

$$\tau_r = \tau_y - \frac{1.2T_y e}{\pi d^4/32} = 20.88 \times 10^3 kN/m^2$$

（四）由應變分佈函數關係可得

$$\frac{\tau_r}{G} = \frac{\phi_r}{L}e$$

由上式可解得殘留扭轉角

$$\phi_r = 3.15 \times 10^{-2} rad$$

四、矩形截面簡支梁，長度為 L，截面寬為 b，截面高為 h，此簡支梁受均布載重 q 作用。設最大應力處之應變能密度稱為最大應變能密度，以 $U_{0,max}$ 表之；而簡支梁之平均應變能密度 $\overline{U}_0 = U/V$，其中，U 為梁之總應變能，V 為梁之體積。求 $U_{0,max}/\overline{U}_0$。（25 分）

參考題解

（一）樑之最大彎矩為 $M_{max} = qL^2/8$，故最大應力值為

$$\sigma_{max} = \frac{M_{max}(h/2)}{bh^3/12} = \frac{3qL^2}{4bh^2}$$

最大應力處之 $U_{0,max}$ 為

$$U_{0,max} = \frac{\sigma_{max}^2}{2E} = \frac{9}{32E}\left(\frac{qL^2}{bh^2}\right)^2$$

（二）樑之內彎矩函數 $M(x)$ 為

$$M(x) = \frac{q}{2}(Lx - x^2) \qquad (0 \le x \le \frac{L}{2})$$

桿件之總應變能 U 為

$$U = 2\int_0^{L/2} \frac{M(x)^2}{2EI}dx = \frac{q^2L^5}{20Ebh^3}$$

故有

$$\bar{U}_0 = \frac{U}{bhL} = \frac{1}{20E}\left(\frac{qL^2}{bh^2}\right)^2$$

（三）最後得 $U_{0,\max}$ 與 $\bar{U}_0$ 之比值為

$$\frac{U_{0,\max}}{\bar{U}_0} = \frac{9/32}{1/20} = \frac{45}{8}$$

地方特考三等

107 年特種考試地方政府公務人員考試試題／靜力學與材料力學

一、如圖一所示之桁架，於圖中所施加外載重作用下，求此桁架中 AD、BE、FI、EH 及 EF 桿件之內力。（25 分）

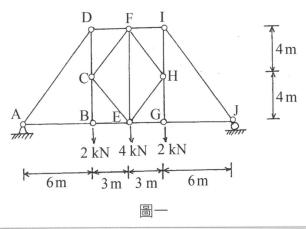

圖一

參考題解

（一）採用如圖（a）所示之桿件編號，編號相同者內力相同。取 m 切面左半可得

$$\Sigma M_D = -4(6) + S_2(8) = 0$$
$$\Sigma M_B = -4(6) - S_3(8) = 0$$

由上列二式解得

$$S_2 = S_{BE} = 3kN（拉力）；S_3 = S_{FI} = -3kN（壓力）$$

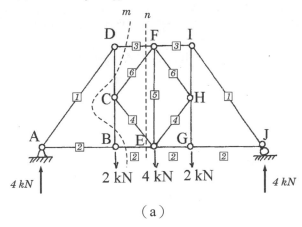

（a）

（二）再去 D 節點，如圖（b）所示，可得

$$S_1 = S_{AD} = \frac{5}{3} S_3 = -5kN（壓力）$$

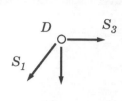

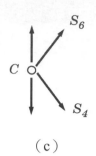

（b）   （c）

（三）圖（a）中 n 切面之剪力 V_n 為

$$V_n = \frac{4}{5}S_4 - \frac{4}{5}S_6 = 2$$

又由 C 節點，如圖（c）所示，可得

$$\frac{3}{5}S_4 + \frac{3}{5}S_6 = 0$$

聯立上列二式，解得

$$S_4 = S_{EH} = \frac{5}{4}kN（拉力）；S_6 = -\frac{5}{4}kN（壓力）$$

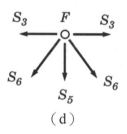

（四）由 F 節點，如圖（d）所示，可得

$$S_5 = S_{EF} = -2\left(\frac{4}{5}S_6\right) = 2kN（拉力）$$

（d）

二、一固體材料承受多軸應力作用，如圖二所示，其中 $\sigma_{11} = 11\,\text{MPa}$，$\sigma_{22} = \sigma_{33} = 4\,\text{MPa}$，$\tau_{23}$ = 5 MPa，於此多軸應力作用下，求此固體材料所承受之最大剪應力。（25分）

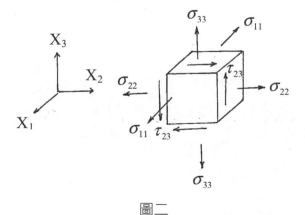

圖二

參考題解

（一）在 $X_2 - X_3$ 平面上之主應力為

$$\sigma_p = \frac{\sigma_{22} + \sigma_{33}}{2} \pm \sqrt{\left(\frac{\sigma_{22} - \sigma_{33}}{2}\right)^2 + (\tau_{23})^2}$$

$$= 4 \pm 5 = \begin{cases} -1 \\ 9 \end{cases} MPa$$

（二）又 X_1 為主軸，其主應力為 $\sigma_{11} = 11MPa$。所以，由三維 Mohr 圓可知，最大剪應力 τ_{max} 為

$$\tau_{max} = \frac{1 + 11}{2} = 6MPa$$

三、一長度 $\ell = 10\,m$ 之懸臂梁，於其自由端承受一集中力 F 作用，如圖三所示，此均勻梁斷面 $b = 12\,cm$ 及 $h = 12\,cm$，其固體材料之應力應變行為屬線彈性完美塑性（Elastic perfectly plastic），如圖四所示，其中彈性模數（Elastic modulus）$E = 200\,GPa$ 及降伏強度（Yield strength）$\sigma_y = 200\,MPa$，假設此梁產生撓曲變位時，其斷面平面仍保持平面，此梁於 $a\text{-}a$ 斷面處不同位置之應變量，如圖五所示，求此時梁所承受之集中力 F。（25 分）

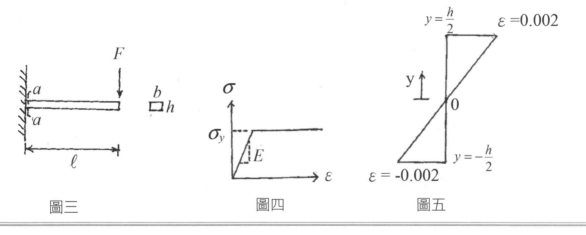

圖三　　　　圖四　　　　圖五

參考題解

（一）由應力-應變關係可得降伏應變 ε_y 為

$$\varepsilon_y = \frac{\sigma_y}{E} = 0.001$$

因此，可得如下圖所示之應力分佈圖，其中降伏區域之合力 N_1 為

$$N_1 = \sigma_y \left(\frac{hb}{4}\right) = \frac{hb}{4} \sigma_y$$

彈性核心區域之合力 N_2 為

$$N_2 = \frac{hb}{8}\sigma_y$$

所以,固定端斷面之內彎矩 M 為

$$M = N_1\left(\frac{3h}{4}\right) + N_2\left(\frac{h}{3}\right) = \frac{11}{48}\sigma_y bh^2$$

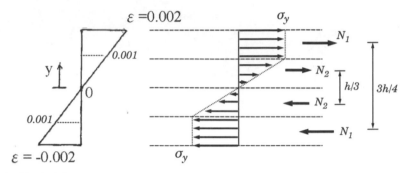

(二)另外,由整體懸臂樑可得

$$M = Fl = \frac{11}{48}\sigma_y bh^2$$

所以解得 F 為

$$F = \frac{11}{48}\left(\frac{\sigma_y bh^2}{l}\right) = 7920N$$

四、圖六所示為一長度 $\ell = 10\ m$ 之軸桿件,當其承受一均勻拉應力 $\sigma = 10\ MPa$ 作用時,同時將材料溫度由 $20^\circ C$ 升高至 $30^\circ C$ 時,此軸桿件長度伸長 $\delta = 0.6\ cm$,若持續承受此拉應力作用,將材料溫度再升高至 $50^\circ C$ 時,此軸桿件長度伸長變成 $\delta = 0.8\ cm$。此軸桿件於未承受任何拉應力作用時,將其兩端固定(Fixed ends),如圖七所示,當材料溫度由 $40^\circ C$ 降低至 $20^\circ C$ 時,此軸桿件產生拉力開裂破壞,試求此軸桿件之抗拉強度(Tensile strength)。(25 分)

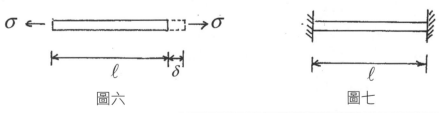

圖六   圖七

參考題解

（一）對於圖六而言，依題目所給條件可得

$$0.6 \times 10^{-2} = \frac{\sigma l}{E} + \alpha l (10)$$

$$0.8 \times 10^{-2} = \frac{\sigma l}{E} + \alpha l (30)$$

聯立上列二式，解出線脹係數 α 及 Young 氏係數 E 分別為

$$\alpha = 10^{-5} \, 1/^{\circ}C \; ; \; E = 20 \times 10^{3} \, MPa$$

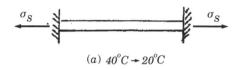

(a) $40^{\circ}C \rightarrow 20^{\circ}C$

（二）對於圖七狀況而言，如圖（a）所示，設桿件之抗拉強度為 σ_S，則可得

$$0 = \frac{\sigma_S l}{E} - \alpha l (20)$$

由上式可解得 $\sigma_S = E\alpha(20) = 4 MPa$。

107 年特種考試地方政府公務人員考試試題／ 營建管理與土木施工學（包括工程材料）

一、設有一小型工程專案，其各作業之基本資訊及進度網圖如下所示。其中，初期規劃時因資訊不足，作業 A、B 及 C 之工期未知；但得知作業 D、E 及 F 乃屬要徑作業（Critical Activities）。根據上述說明與所提供之資訊，請問專案總工期為幾天？作業 A、B、C、D 是否可能擁有總浮時（Total Float, TF）、自由浮時（Free Float, FF）及干擾浮時（Interfering Float, IF）？若最後經評估後得知作業 A 的工期為 10 天，作業 B 的工期為 5 天，作業 C 的工期為 2 天，請以最早開始時間（Early Start Time, ES）為執行原則，繪製此專案之累積直接成本曲線。（25 分）

作業基本資料表：

作業名稱	工期（天）	直接成本（萬元／天）
A	未知	5
B	未知	20
C	未知	8
D	8	12
E	15	10
F	10	15
G	4	4

進度網圖：

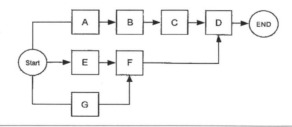

參考題解

（一）專案總工期：

專案要徑為 E→F→D，

專案總工期 $= D_E + D_F + D_D = 15 + 10 + 8 = 33$（天）

（二）作業 A、B、C、D 擁有浮時可能性：

1. 作業 A、B、C：

（1）非要徑，因此可能擁有浮時（總浮時、自由浮時及干擾浮時）。

（2）路徑無其他作業匯入與匯出，為 FS 關係，因此總浮時皆相同。

2. 作業 D：

為要徑，因此無浮時（總浮時、自由浮時及干擾浮時）。

（三）最早開始時間之累積直接成本曲線：

網圖計算如下：

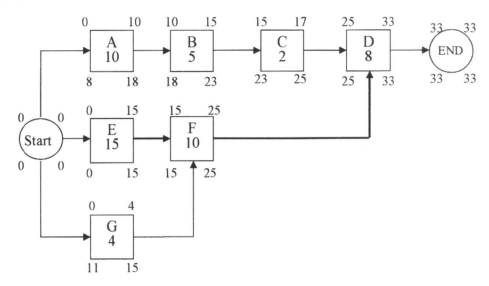

專案之累積直接成本計算如下：

假設成本支付在各期（單位）時間期末發生，列表計算於下：

作業各期直接成本（萬元）	作業名稱	時　　間（天）																
		1	2	3	4	5	6	7	8	9	10	11	12	13	14	15	16	17
	A	5	5	5	5	5	5	5	5	5	5							
	B											20	20	20	20	20		
	C																8	8
	D																	
	E	10	10	10	10	10	10	10	10	10	10	10	10	10	10	10		
	F																15	15
	G	4	4	4	4													
專案之各期直接成本（萬元）		19	19	19	19	15	15	15	15	15	15	30	30	30	30	30	23	23
專案之累積直接成本（萬元）		19	38	57	76	91	106	121	136	151	166	196	226	256	286	316	339	362

作業各期直接成本（萬元）	作業名稱	時間（天）															
		18	19	20	21	22	23	24	25	26	27	28	29	30	31	32	33
	A																
	B																
	C																
	D									12	12	12	12	12	12	12	12
	E																
	F	15	15	15	15	15	15	15	15								
	G																
專案之各期直接成本（萬元）		15	15	15	15	15	15	15	15	12	12	12	12	12	12	12	
專案之累積直接成本（萬元）		377	392	407	422	437	452	467	482	494	506	518	530	542	554	566	578

累積直接成本曲線圖如下：

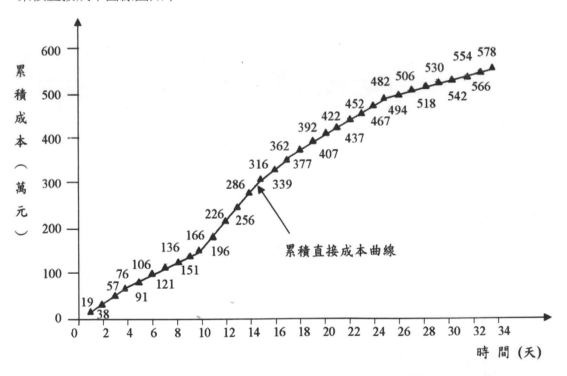

二、請說明五種在中華民國國家標準（CNS）或是美國材料試驗標準規範（ASTM）中關於粗
　　粒料以及細粒料性質的試驗名稱及目的；此外，區分粗粒料以及細粒料的標準篩號為幾
　　號篩？（25分）

參考題解

（一）試驗名稱及目的：

1. CNS 486 A3005：

   （1）名稱：粗細粒料篩析法。

   （2）目的：

   ①規定以試驗篩藉篩分測定粒料顆粒粗細分佈（級配）之標準方法。

   ②測定粒料之級配，其結果可判定粒料顆粒粗細分佈是否合於規範之要求。

   ③對不同粒料產品或含粒料混合物之產製提供管控數據。

   ④混凝土配比設計參數。

   ⑤可用於推導空隙率與緊密度間關係。

2. CNS 487 A3006：

   （1）名稱：細粒料密度、相對密度（比重）及吸水率試驗法。

   （2）目的：

   ①規定多量細粒料顆粒（不含顆粒間空隙體積）之平均密度、相對密度（比重）及吸水率之標準試驗方法。

   ②對不同細粒料產品或混凝土之產製提供管控數據。

   ③混凝土配比設計參數。

   ④計算粒料空隙率。

3. CNS 488 A3007：

   （1）名稱：粗粒料密度、相對密度（比重）及吸水率試驗法。

   （2）目的：

   ①規定多量粗粒料顆粒（不含顆粒間空隙體積）之平均密度、相對密度（比重）及吸水率之標準試驗方法。

   ②對不同粗粒料產品或混凝土之產製提供管控數據。

   ③混凝土配比設計參數。

   ④可用於計算粒料空隙率。

4. CNS 490 A3009：

   （1）名稱：粗粒料（37.5mm 以下）洛杉磯磨損試驗法。

   （2）目的：

   ①規定最大粒徑為 37.5mm 以下之粗粒料，以洛杉磯磨損試驗儀測定磨損率之標

準試驗方法。

②對不同粗粒料產品或混凝土之產製提供抗磨損性能管控數據。

5. CNS 1164 A3028：

（1）名稱：細粒料中有機物含量試驗法。

（2）目的：

①規定初步測定用於水泥砂漿或水泥混凝土之細粒料中有機不純物含量之標準試驗方法。

②初步判定細粒料是否符合 CNS 1240〔預拌混凝土〕中有關有機不純物允收要求。

③對細粒料中有機不純物達到有害含量，提出警示。

（二）粗粒料以及細粒料分界篩號：

1. CNS 規範：試驗篩 4.75mm CNS 386（簡稱試驗篩 4.75mm）。

2. ASTM 規範：ASTM No.4 試驗篩。

註：CNS 487 舊有名稱為「細粒料比重及吸水率試驗法」；CNS 488 舊有名稱為「粗粒料比重及吸水率試驗法」。

三、工程生命週期中，機關為保障工程之順利進行，遂產生「工程保證」的觀念。依政府採購法第 30 條第 3 項規定，訂定「押標金保證金暨其他擔保作業辦法」，以為機關辦理採購之參考。假設有一公共工程案預算金額為 15 億，某甲級營造業經公開招標、評分及格最低標程序，以 11 億 5,000 萬得標。請問該承攬廠商從投標、履約、驗收到最後之雙方權利義務終了，依據上開辦法，為保障業主權益，業主會合理要求廠商繳納那些保證金？請說明各類保證金之意義，依照各類保證金之繳納原則，各類保證金各需約繳納多少？（25 分）

參考題解

（一）保證金種類：

依工程生命週期發生次序如下：

1. 押標金：投標階段繳納。

2. 差額保證金：決標後簽約前繳納（依招標文件規定期限）。

3. 履約保證金：決標後簽約前繳納（依招標文件規定期限）。

4. 預付款還款保證：支領預付款前繳納。

5. 保固保證金：驗收合格付款前。

6. 其他經主管機關認定者：發生時間依其需求而定。

（二）各類保證金意義與繳納額度：

1. 各類保證金意義：

（1）押標金：保證得標廠商於期限內完成簽約程序。

（2）差額保證金：保證廠商標價偏低不會有降低品質、不能誠信履約或其他特殊情形之用。

（3）履約保證金：保證廠商依契約規定履約之用。

（4）預付款還款保證：保證廠商返還預先支領而尚未扣抵之預付款之用。

（5）保固保證金：保證廠商履行保固責任之用。

（6）其他經主管機關認定者：主管機關依工程特殊需求時之用。

2. 各類保證金額度：

（1）一般額度：

①押標金：

A. 得為一定金額或標價之一定比率，由機關於招標文件中擇定之。

前項一定金額，以不逾預算金額或預估採購總額之百分之五為原則；一定比率，以不逾標價之百分之五為原則。但不得逾新臺幣五千萬元。

B. 採單價決標之採購，押標金應為一定金額。

②差額保證金：

A. 總標價偏低者，擔保金額為總標價與底價之百分之八十之差額，或為總標價與本法第五十四條評審委員會建議金額之百分之八十之差額。

B. 部分標價偏低者，擔保金額為該部分標價與該部分底價之百分之七十之差額。該部分無底價者，以該部分之預算金額或評審委員會之建議 金額代之。

③履約保證金：

A. 得為一定金額或契約金額之一定比率，由機關於招標文件中擇定之。

前項一定金額，以不逾預算金額或預估採購總額之百分之十為原則；一定比率，以不逾契約金額之百分之十為原則。

B. 採單價決標之採購，履約保證金應為一定金額。

④預付款還款保證：

得依廠商已履約部分所占進度或契約金額之比率遞減，或於驗收合格後一次發還，由機關視案件性質及實際需要，於招標文件中訂明。

廠商未依契約規定履約或契約經終止或解除者，機關得就預付款還款保證尚未遞減之部分加計利息隨時要求返還或折抵機關尚待支付廠商之價金。

前項利息之計算方式及機關得要求返還之條件，應於招標文件中訂明，並記載於預付款還款保證內。

⑤保固保證金：

得為一定金額或契約金額之一定比率，由機關於招標文件中擇定之。

前項一定金額，以不逾預算金額或預估採購總金額之百分之三為原則；一定比率，以不逾契約金額之百分之三為原則。

⑥其他經主管機關認定者：

依主管機關認定，並載明於招標文件中。

（2）減收額度：

①採電子投標之廠商：

機關得於招標文件規定採電子投標之廠商，其押標金得予減收一定金額或比率。其減收額度以不逾押標金金額之百分之十為限。

②符合規定其他廠商之履約及賠償連帶保證者：

公告金額以上之採購，機關得於招標文件中規定得標廠商提出符合招標文件所定投標廠商資格條件之其他廠商之履約及賠償連帶保證者，其應繳納之履約保證金或保固保證金得予減收。

前項減收額度，得為一定金額或比率，由招標機關於招標文件中擇定之。

其額度以不逾履約保證金或保固保證金額度之百分之五十為限。

③優良廠商：

A.機關辦理採購，得於招標文件中規定優良廠商應繳納之押標金、履約保證金或保固保證金金額得予減收，其額度以不逾原定應繳總額之百分之五十為限。

B.繳納後方為優良廠商者，不溯及適用減收規定；減收後獎勵期間屆滿者，免補繳減收之金額。

④全球化廠商：

A.機關辦理非條約協定採購，得於招標文件中規定全球化廠商應繳納之押標

金、履約保證金或保固保證金金額得予減收，其額度以不逾各原定應繳總
額之百分之三十為限，不併入前條減收額度計算。

B. 繳納後方為全球化廠商者，不溯及適用減收規定；減收後獎勵期間屆滿者，
免補繳減收之金額。

本題無底價、預付款與符合減收額度等資訊，假設本工程係以預算金額 15 億為核定
底價，無預付款、未符合減收額度等條件，計算各類保證金額度如下：

（1）押標金：

$1,500,000,000 \times 5\% = 75,000,000 \leq 50,000,000$（採用一定金額）

$1,150,000,000 \times 5\% = 57,500,000 \leq 50,000,000$（採用契約金額一定比率）

押標金繳納額度為 5000 萬元。

（2）差額保證金：

$1,500,000,000 \times 80\% - 1,150,000,000 = 50,000,000$

差額保證金繳納額度為 5000 萬元。

（3）履約保證金：

$1,150,000,000 \times 10\% = 115,000,000$

履約保證金繳納額度為 1 億 1500 萬元。

（4）預付款還款保證：無。

（5）保固保證金：

$1,500,000,000 \times 3\% = 45,000,000$（採用一定金額）

$1,150,000,000 \times 3\% = 34,500,000$（採用契約金額一定比率）

保固保證金繳納額度為 4500 萬元或 3450 萬元（依招標文件規定方式而定）。

註：1. 依「押標金保證金暨其他擔保作業辦法」之規定，押標金與保證金係分別條列。因此，
第 8 條條文中之保證金種類不包括押標金，但押標金亦有保證金之屬性，故題解中列入。

2. 「預付款還款保證」多以銀行開發或保兌之不可撤銷擔保信用狀、銀行之書面連帶保證
或保險公司之保證保險單之方式繳納，故雖有類似保證金之效果，但名稱上僅稱「保證」。

四、水泥乃工程經常使用之材料，請問卜特蘭水泥四種主要成分為何？請就水化以及強度發
展的特性分別進行說明。另請依據其凝結特性說明為何預拌混凝土（Ready-mixed
Concrete）可以在遠處的預拌廠送至現場施工？（25分）

參考題解

（一）卜特蘭水泥四種主要成分與特性：

1. 矽酸三鈣（$3CaO \cdot SiO_2$；簡寫為 C_3S）：
   水化速率快（水化熱高），強度發展快（早期強度次高，晚期強度最高）。

2. 矽酸二鈣（$2CaO \cdot SiO_2$；簡寫為 C_2S）：
   水化速率甚慢（水化熱甚低），強度發展甚慢（早期強度最低，晚期強度次高）。

3. 鋁酸三鈣（$3CaO \cdot Al_2O_3$（簡寫為 C_3A）：
   水化速率甚快（水化熱甚高），強度發展甚快（早期強度最高，晚期強度次低）。

4. 鋁鐵酸四鈣（$4CaO \cdot Al_2O_3 \cdot Fe_2O_3$；簡寫為 C_4AF）：
   水化速率慢（水化熱低），強度發展慢（早期強度次低，晚期強度次最低）。

（二）預拌混凝土可以在遠處的預拌廠送至現場施工之原因：

除水泥製造時，水泥廠藉添加適量二水石膏，延遲鋁酸三鈣之水化速率外，預拌混凝土廠常藉以下方法，延遲凝結時間，降低水化熱，以利遠運施工：

1. 摻用緩凝摻料：
   採用緩凝摻料（目前以高性能減水緩凝劑（Type G）為主），遲緩鋁酸三鈣與矽酸三鈣之水化反應，延遲混凝土凝結時間。

2. 以卜作嵐材料、水淬爐石粉取代部分水泥：
   利用卜作嵐材料（飛灰為主）、水淬爐石粉之卜作嵐反應，其反應速率遠低於水泥之水化反應，以降低混凝土早期水化熱，延遲混凝土凝結時間。

3. 使用混合水泥：
   混合水泥係於水泥製造時混合規定用量之卜作嵐材料或水淬爐石粉，其作用機理原同上。

4. 拌合水中混用冰水（低溫水）：
   氣溫高時，預拌廠常於拌合水中混用冰水（低溫水），以減少坍損，同時亦可防止因環境溫度高，使混凝土凝結過快現象。

107 年特種考試地方政府公務人員考試試題／土壤力學與基礎工程

一、試回答下列問題：

（一）何謂莫爾-庫倫破壞準則（Mohr-Coulomb Failure Criterion）？何謂土壤剪力強度參數（Parameters of Shear Strength）？試列舉兩種可求得土壤剪力強度參數之常見室內試驗？（15 分）

（二）說明 AASHTO 土壤分類法之砂土、粉土與黏土之顆粒尺寸範圍。（15 分）

（三）寫出砂土之靜止、主動與被動 Rankine 土壓係數之公式。（15 分）

（四）試以孔隙比寫出砂土相對密度之定義。（5 分）

參考題解

（一）莫爾提出材料之破壞係因正向應力與剪應力的某一臨界的組合狀況，以方程式 $\tau_f = f(\sigma)$ 表示，莫爾破壞包絡線為一曲線形式。庫倫破壞包絡線方程式係依靜摩擦力的概念提出，為直線形式，以應力型態表示，$\tau_f = \sigma \tan\phi + c$。將莫爾的概念，搭配庫倫線性的方程式加以理想化的結合，而成莫爾-庫倫破壞準則（Mohr-Coulomb failure criterion），以有效應力 σ' 的函數表示為 $\tau_f = \sigma' \tan\phi' + c'$，破壞時莫爾圓及破壞包絡線如下圖：

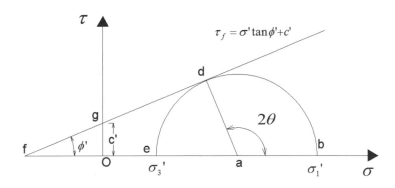

而剪力強度參數 (c, ϕ, c', ϕ') 為上述破壞準則中，凝聚力項和摩擦力項組成的表示式。

求剪力強度參數之常見室內試驗為直剪試驗及三軸試驗（Triaxial shear test）。

（二）AASHTO 土壤分類法之砂土顆粒尺寸為通過 #10 篩（2mm），在 #200 篩（0.075mm）以上。粉土（silt）和黏土（clay）為顆粒尺寸通過 #200 篩（0.075mm）。至於粉土與黏土分界非以顆粒尺寸，係以塑性指數 $PI = 10$ 為界區隔。

（三）砂土之土壓係數：

1. 靜止土壓力係數：為經驗式推估，$K_0 = 1 - \sin\phi'$（Jaky,1944）。

2. Rankine 主動土壓力係數 $K_a = \frac{1-\sin\phi'}{1+\sin\phi'} = \tan^2\left(45° - \frac{\phi'}{2}\right)$

3. Rankine 被動土壓力係數 $K_p = \frac{1+\sin\phi'}{1-\sin\phi'} = \tan^2\left(45° + \frac{\phi'}{2}\right)$

（四）相對密度 $D_r \equiv \frac{e_{max}-e}{e_{max}-e_{min}}$

二、如下圖之條形基腳、地層剖面與參數，試以 Terzaghi 承載力公式計算此基腳之極限承載力。（15分）

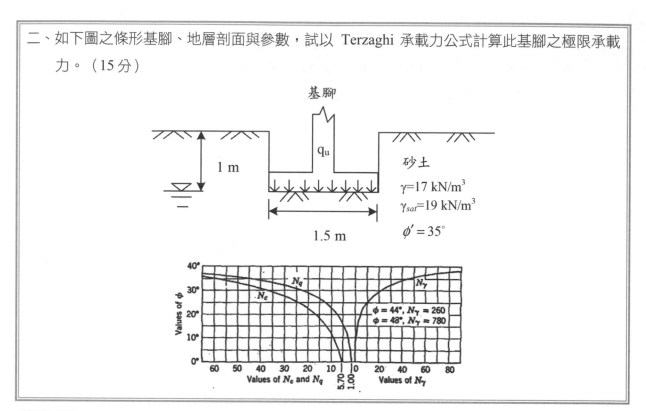

參考題解

Terzaghi 之條形基腳極限承載力 $q_{ult} = cN_c + qN_q + \frac{1}{2}\gamma BN_\gamma$

砂土：$c' = 0$，$\phi' = 35°$，查圖得 $N_q = 41.44$，$N_\gamma = 45.41$

$\quad q = \gamma D_f = 17 \times 1 = 17\, kN/m^2$

$\quad q_{ult} = qN_q + \frac{1}{2}\gamma BN_\gamma = 17 \times 41.44 + 0.5 \times (19 - 9.81) \times 1.5 \times 45.41$

得 $\quad q_{ult} = 1017.5\, kN/m^2$

三、如下圖之均質有限邊坡與土壤參數，邊坡角度 $\beta = 70°$，假設破壞滑動面為通過坡趾之平面，試回答下列問題：

　　（一）破壞面之臨界破壞角 θ_{cr}。（5分）

　　（二）最大臨界坡高 H_{cr}。（10分）

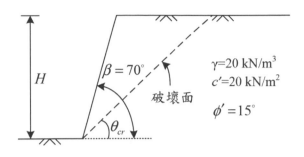

參考題解

（一）臨界破壞角 $\theta_{cr} = \frac{\beta + \phi'}{2} = \frac{70+15}{2} = 42.5°$

（二）如圖，$a = \frac{H}{\cos(90-70)} = 1.064H$

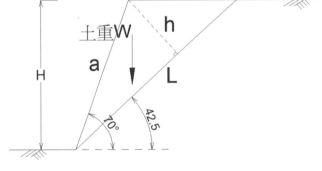

　　　$h = a\sin(\beta - \theta_{cr}) = a\sin 27.5$

　　　得 $h = 0.491H$

　　　由圖，$L = \frac{H}{\sin\theta_{cr}} = \frac{H}{\sin 42.5} = 1.48H$

　　　取單位寬度分析，

　　　破壞滑動土重 $W = \frac{1}{2}Lh\gamma = \frac{1}{2} \times 1.48H \times 0.491H \times 20 = 7.267H^2 \, kN/m$

　　　下滑力 $F_d = W\sin\theta_{cr} = 7.267H^2 \times \sin 42.5 = 4.91H^2$

　　　最大抵抗滑動力 $F_r = W\cos\theta_{cr}\tan\phi' + cL = 7.267H^2\cos 42.5\tan 15 + 20 \times 1.48H$

　　　　　　　　　　　　　$= 1.436H^2 + 29.6H$

　　　安全係數 $FS = \frac{F_r}{F_d}$，當 $FS = 1$，為最大臨界坡高 H_{cr}，$\frac{1.436H_{cr}^2 + 29.6H_{cr}}{4.91H_{cr}^2} = 1$

　　　得　$H_{cr} = 8.52m$

四、試繪圖說明檢核擋土牆穩定性之四種破壞模式？（10分），若擋土牆穩定性不足，在設計上有那些方法可改善？（10分）

參考題解

擋土牆穩定性檢核4種破壞模式：

（一）牆體滑動：擋土牆底部水平抵抗力不足以抵抗牆背土體水平側向壓力時，造成擋土牆被向外推出破壞。

（二）牆體傾覆：擋土牆抗傾覆之穩定力矩不足抵抗驅使傾覆力矩時，造成擋土牆對牆趾產生傾覆破壞。

（三）基礎容許支承力：擋土牆基底下方土壤過於疏鬆、軟弱，致承載力不足或者沉陷量過大產生破壞。

（四）整體穩定性：擋土牆所在之邊坡或承載土層存在軟弱土層，而產生一整體性之滑動破壞。

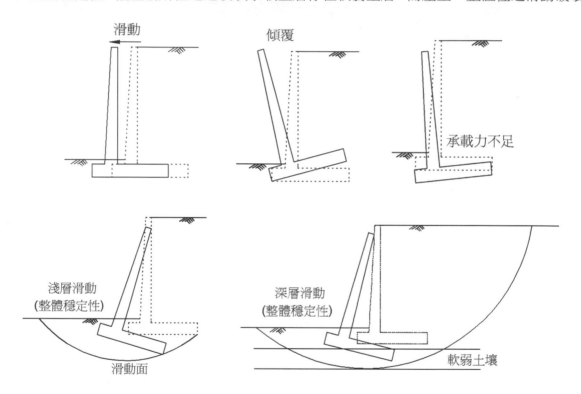

針對擋土牆穩定性不足問題，在設計上可改善方式：

（一）降低側向土壓力：降低主動土壓力，如針對牆背土壤進行改良或置換，擋土牆上方邊坡進行整坡，削坡減重、降低邊坡高度等。

（二）降低水壓力：加強排水措施，如牆頂增設截水溝截流、坡面整平、裂縫填補、保護坡面與植生，減少水入滲，或改善牆背透水材料及增設洩水孔、排水管引導水流降低水壓等。

（三）增加側向抵抗力：增加擋土牆厚度及重量、擋土牆基底設置止滑樺或樁、打設地錨、設置抗滑樁。

（四）改善土壤工程性質：擋土牆基礎土壤改良主要考量可減少沉陷量及提高承載力，如灌漿

工法、土壤加勁工法；牆背後土壤改良主要考量為降低側向土壓力，改善排水，增強剪力強度，避免滑動破壞。

（五）變更基礎形式：如針對穩定性不足問題設置基樁，垂直承重基樁可改善沉陷量與增加承載力，側向承重基樁抗側移等。針對邊坡有潛在滑動面之整體不穩定，可設置地錨、抗滑樁等。

107 年特種考試地方政府公務人員考試試題／平面測量與施工測量

一、某地磁偏角（Magnetic declination）為 3°54'向西，而其標準（偏）差（Standard deviation）為±17'。今於該地以一羅盤儀所測得某方向之磁方位角為 2°20'，而其標準（偏）差為±15'。假設所有觀測量均不相關，請計算該方向之真方位角以及其標準（偏）差？（25分）

參考題解

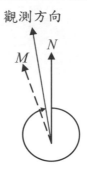

觀測方向

真方位角$\phi_{真}$ ＝ 磁偏角δ ＋ 磁方位角$\phi_{磁}$

$\quad\quad\quad = -3°54' + 2°20' + 360° = 358°26'$

依誤差傳播和數定律得標準（偏）差如下：

$$\varphi_{真} = \pm\sqrt{(\pm17')^2 + (\pm15')^2} \approx \pm22.7'$$

二、假設一全測站之角度觀測誤差為±20"，測距誤差為±50 ppm。

（一）此儀器測角精度較高還是測距精度較高？（15分）

（二）以此設備進行多邊形閉合之導線測量，若僅考量測角及測距誤差，則評估此種儀器觀測品質是否可滿足導線精度比小於 1/10000？（15分）

參考題解

（一）依測角精度與量距精度相配合之關係式得知：

$$\frac{20''}{206265''} = \frac{1}{10313.25} < 50\,ppm = 50 \times 10^{-6} = \frac{1}{20000}$$

故測距精度較高。

（二）僅就導線的第一個邊而言，假設邊長為 S，則因測角誤差的橫向偏移量為：

$$d_{橫} = S \times \frac{M''_\theta}{\rho''} = S \times \frac{\pm20''}{206265''} = \pm\frac{S}{10313.25}$$

因量距誤差造成的縱向偏移量分別為：

$$d_{縱向} = S \times (\pm50ppm) = \pm\frac{S}{20000}$$

則點位偏差量 $W_S = \sqrt{d^2_{橫向} + d^2_{縱向}} = \pm\sqrt{(\pm\frac{S}{10313.25})^2 + (\pm\frac{S}{20000})^2} = \pm\frac{S}{9166.31}$

$$導線精度比 = \frac{W_S}{S} = \frac{1}{9166.31}$$

僅就一個導線邊而言,其導線精度比已經低於 $\frac{1}{10000}$,所以對於多邊形的閉合導線而言,

若再累積各邊的誤差影響,整個導線的精度更不可能高於 $\frac{1}{10000}$。

三、針對水準測量,請回答下列問題:

(一)分析偶然誤差來源。(10分)

(二)分析系統誤差來源並說明如何改正或消除?(15分)

參考題解

(一)偶然誤差的來源

1. 儀器因素造成的偶然誤差

   (1)標尺刻劃誤差:標尺各刻劃之間的間距未能真正的完全一致。

   (2)水準管靈敏度誤差:水準管靈敏度是指當氣泡偏移 $2mm$(一格)時視線傾斜的角度值為 γ'',然 γ'' 值有其不可避免的偶然誤差。

   (3)補正器視線導平誤差:補正器可以讓水準儀在一定的傾斜範圍內讀到視線水平時的標尺讀數,然其補正過程也有不可避免的偶然誤差。

   (4)透鏡畸變差:標尺影像經過物鏡成像在十字絲面上,再經目鏡放大標尺影像而讀數,然標尺影像會因透鏡畸變差而微量扭曲造成讀數的偶然誤差。

2. 人為因素造成的偶然誤差

   (1)標尺豎直誤差:一般以執尺人員依照自己判斷或依據圓盒氣泡使標尺豎直,然實際上仍會因無法完全豎直而造成讀數增加的偶然誤差。

   (2)讀數誤差:對標尺讀數的估讀誤差。

   (3)視差:因誤鏡或目鏡調焦未確實,造成標尺影像未能成像在十字絲面上所造成的讀數誤差。

   (4)轉點沉陷誤差:於鬆軟土地架設標尺,未踏實尺墊致使尺墊在觀測過程中微量沉陷,此誤差將造成讀數些微增大。

   (5)儀器沉陷誤差:於鬆軟土地架設儀器,未踏實腳架架腿致使腳架在觀測過程中微量沉陷,此誤差將造成讀數些微減小。

3. 自然因素造成的偶然誤差

（1）地面水蒸氣影響：因地面水蒸氣蒸發造成標尺影像不斷扭動，致使標尺影像不
　　　清且不易讀數。

（2）觀測時因視線逆光造成讀數誤差。

（二）系統誤差來源及改正或消除方法

誤差項目	誤差成因	改正或消除方法
水準軸誤差	水準軸不垂直於直立軸	以半半改正校正之。
視準軸誤差	視準軸不平行於水準軸	以定樁法校正之或施測時保持前後視距離相等消除之。
標尺底部凹陷誤差	標尺底部不為平面，造成標尺讀數增加。	觀測時由後視轉成前視時，必須以固定接觸點旋轉，且測站數必須保持為偶數。
標尺尺長誤差	標尺刻劃並非實長	對標尺刻劃進行檢定再對讀數作修正。
地球曲率誤差	將水準面（球面）視為水平面所造成的讀數誤差。	施測時保持前後視距離相等消除之。或以公式改正之。
大氣折光誤差	視線受到大氣折射造成的讀數誤差。	施測時保持前後視距離相等消除之。或以公式改正之。

四、在二維坐標系中，若 A（X_A, Y_A）及 B（X_B, Y_B）為已知點，C（X_C, Y_C）為未知點，
　　A、B 及 C 三點不共線。今利用測角方式測得∠BAC 及∠ABC。

　　（一）以作圖法解釋 C 點坐標（X_C, Y_C）是否能求得？（10 分）

　　（二）列出觀測方程式解釋 C 點坐標（X_C, Y_C）是否能求得？（10 分）

參考題解

（一）如下圖所示，∠BAC 和∠ABC 可以交會出 C 點，因此可以求其坐標(X_C, Y_C)。

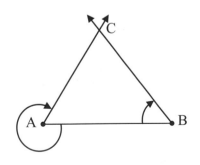

（二）對測量而言，一個觀測量相當於一個方程式，本題二個∠*BAC* 及∠*ABC* 角度觀測量的觀

測方程式可以根據坐標計算方位角公式列出如下：

$$\angle BAC = \phi_{AC} - \phi_{AB} = \tan^{-1}\frac{X_C - X_A}{Y_C - Y_A} - \tan^{-1}\frac{X_B - X_A}{Y_B - Y_A}$$

$$\angle ABC = \phi_{BC} - \phi_{BA} = \tan^{-1}\frac{X_C - X_B}{Y_C - Y_B} - \tan^{-1}\frac{X_A - X_B}{Y_A - Y_B}$$

由於上列二個方程式中僅有(X_C, Y_C)二個未知數，因此恰可解算。

107 年特種考試地方政府公務人員考試試題／鋼筋混凝土學與設計

一、（一）依規範要求，現場澆置混凝土（非預力）在「地下室外牆外側」及「海港構造物
　　　　　與海水接觸者」狀況之鋼筋最小保護層厚度為何？（10 分）

　　（二）若要採用我國的結構混凝土規範，所使用的混凝土最大壓應變量應該至少為何？
　　　　　依規範規定，混凝土強度 $f_c' = 315 \text{ kgf/cm}^2$，混凝土撓曲開裂時，其對應之混凝土
　　　　　最大拉應變量為何？（10 分）

　　（三）雙翼 T 型梁，跨度為 4.8 m，梁深 h = 60 cm，腹梁寬 $b_w = 30 \text{ cm}$，相連樓版厚為
　　　　　10 cm，此梁與左右兩側相平行方向梁之中心距均為 2 m，依規範規定，則此 T 型
　　　　　梁之有效翼緣寬為何？（5 分）

參考題解

（一）1.「地下室外牆外側」為『澆置於土壤或岩石上或經常與水及土壤接觸者』，故鋼筋最小
　　　　保護層厚度應為 7.5 cm。

　　　2.「海港構造物與海水接觸者」，最小保護層厚度應為 10 cm。

（二）混凝土最大壓應變量 $\varepsilon_c = 0.003$

$$f_r = 2\sqrt{f_c'} = 2\sqrt{315} = 35.5 \ kfg/cm^2$$

$$\varepsilon_{cr} = \frac{f_r}{E_c} = \frac{35.5}{15000\sqrt{315}} = 1.33 \times 10^{-3}$$

（三）$b_E \leq \begin{cases} \dfrac{\ell}{4} = \dfrac{480}{4} = 120 \ cm \Leftarrow control \\[2mm] 16t_f + b_w = 16(10) + 30 = 190 \ cm \\[2mm] \dfrac{1}{2}s_0 + \dfrac{1}{2}s_1 + b_w = \dfrac{1}{2}(200-30) + \dfrac{1}{2}(200-30) + 30 = 200cm \end{cases}$　　　　$\Rightarrow b_E = 120cm$

二、已知一梁之頂部左右兩側均與樓版相連，依 T 型斷面計算，跨度為 3.2 m，梁深 h=60
　　cm，腹梁寬 b_w=35 cm，相連樓版厚為 10 cm，有效翼緣寬 b=100 cm，如該梁拉力側鋼
　　筋為 8-D32（直徑 d_b=3.22 cm，單根面積 a_b=8.143 cm²），採雙層排列，箍筋為 D13（直
　　徑 d_b=1.27 cm），混凝土強度 f_c' = 315 kgf/cm²，鋼筋 f_y = 4,200 kgf/cm²。試問此梁斷面
　　之設計彎矩強度 ϕM_n 值為何？（25 分）

參考題解

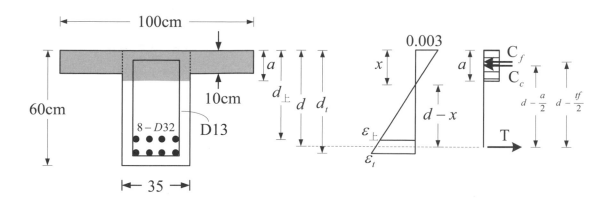

（一）$d_t = h - i - d_s - \dfrac{d_b}{2} = 60 - 4 - 1.27 - \dfrac{3.22}{2} = 53.12 cm$

$d = d_t - \dfrac{d_b}{2} - \dfrac{2.5}{2} = 53.12 - \dfrac{3.22}{2} - \dfrac{2.5}{2} = 50.26 cm$

$d_{\pm} = d - \dfrac{2.5}{2} - \dfrac{d_b}{2} = 50.26 - \dfrac{3.22}{2} - \dfrac{2.5}{2} = 47.4 cm$

（二）混凝土與鋼筋受力（假設平衡時中性軸位置為 x，此時 $a > t_f$，且拉力筋降伏）

   1. 混凝土腹版：$C_c = 0.85 f_c' b_w a = 0.85(315)(35)(0.825x) \approx 7731\,x$

   2. 混凝土翼版：$C_f = 0.85 f_c'(b_E - b_w)t_f = 0.85(315)(100-35)(10) = 174038\ kgf$

   3. 拉力筋：$T = A_s f_y = (8 \times 8.143)4200 = 273605\ kgf$

（三）中性軸位置

   1. $C_c + C_f = T \Rightarrow 7731\,x + 174038 = 273605 \Rightarrow x \approx 12.88\ cm$

      $\left(a = 0.825x = 0.825 \times 12.88 = 10.63 cm > t_f = 10 cm \therefore OK \right)$

     上層筋：$\varepsilon_{\pm} = \dfrac{d_{\pm} - x}{x}(0.003) = \dfrac{47.4 - 12.88}{12.88}(0.003) = 0.00804 > \varepsilon_y\ (\text{OK})$

   2. $C_c = 7731\,x = 7731(12.88) = 99575\ kgf \approx 99.58\ tf$

   3. $C_f = 174038\ kgf = 174.04\ tf$

（四）計算 M_n

$$M_n = C_c \left(d - \dfrac{a}{2} \right) + C_f \left(d - \dfrac{t_f}{2} \right) = (99.58)\left(50.26 - \dfrac{0.825 \times 12.88}{2} \right) + (174.04)\left(50.26 - \dfrac{10}{2} \right)$$

$$= 12352.9\ tf - cm = 123.53\ tf - m$$

（五）計算 ϕM_n

1. $\varepsilon_t = \dfrac{d_t - x}{x}(0.003) = \dfrac{53.12 - 12.88}{12.88}(0.003) = 0.00937 \geq 0.005 \quad \therefore \phi = 0.9$

2. $\phi M_n = 0.9(123.53) = 111.18 \ tf - m$

註：本題給的有效翼緣寬 $b_E = 100cm$，並不符合規範定義『有效翼緣寬』的其中一項規定 $b_E \leq \dfrac{\ell}{4} = \dfrac{3.2}{4} = 0.8m$，但既然題目已經指定 $b_E = 100cm$，也就不管它，直接以 $b_E = 100cm$ 下去算。

三、一簡支矩形梁，淨跨距為 6 m，梁寬 b=35 cm，有效深度 d=50 cm，混凝土強度 f'_c =315 kgf/cm²。梁上承受均布使用靜載重（已含自重）w_D=5.0 tf/m 及中央處集中使用活載重 P_L=20 tf，若使用 D13 剪力筋（直徑 d_b=1.27 cm，單根面積 a_b=1.267 cm²，鋼筋 f_{yt} = 2,800 kgf/cm²）。試依規範規定計算：

（一）此梁需配置剪力筋之最小間距為何？（10 分）

（二）此梁需配置剪力筋之最大間距為何？範圍為何？（15 分）

參考題解

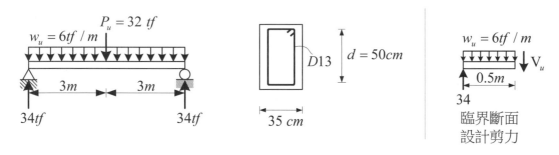

（一）此梁需配置剪力筋之最小間距位置為設計剪力最大處⇒臨界斷面處

1. 強度需求

（1）設計載重：

$w_u = 1.2 w_d = 1.2 \times 5 = 6 tf / m$

$P_u = 1.6 P_L = 1.6 \times 20 = 32 tf$

（2）臨界斷面處設計剪力：$V_u = 34 - w_u d = 34 - 0.5(6) = 31 tf$

（3）設計間距 s

①剪力計算強度需求：$V_u = \phi V_n \Rightarrow 31 = 0.75 V_n \quad \therefore V_n = \dfrac{31}{0.75} \ tf$

②混凝土剪力強度：$V_c = 0.53\sqrt{f_c'}b_w d = 0.53\sqrt{315}(35 \times 50) = 16461\ kgf \approx 16.46\ tf$

③剪力筋強度需求：$V_n = V_c + V_s \Rightarrow \dfrac{31}{0.75} = 16.46 + V_s \quad \therefore V_s \approx 24.87\ tf$

④間距 s：$V_s = \dfrac{dA_v f_y}{s} \Rightarrow 24.87 \times 10^3 = \dfrac{(50)(2 \times 1.267)(2800)}{s} \quad \therefore s = 14.26\ cm$

2. 最大鋼筋量間距規定：$V_s \le 1.06\sqrt{f_c'}b_w d \Rightarrow s \le \left(\dfrac{d}{2}\ ,\ 60cm\right)$

$\Rightarrow s \le \left(\dfrac{50}{2}cm\ ,\ 60cm\right) \Rightarrow s \le (25cm\ ,\ 60cm)_{min} \quad \therefore s = 25cm$

3. 最少鋼筋量間距規定：$s \le s_{max}$

$s \le \left\{\dfrac{A_v f_{yt}}{0.2\sqrt{f_c'}b_w}\ ,\ \dfrac{A_v f_{yt}}{3.5b_w}\right\}_{min} \Rightarrow s \le \left\{\dfrac{(2 \times 1.267)(2800)}{0.2\sqrt{315}(35)}\ ,\ \dfrac{(2 \times 1.267)(2800)}{3.5(35)}\right\}_{min}$

$\Rightarrow s \le \{57.11cm\ ,\ 57.92cm\}_{min} \quad \therefore s = 57.11\ cm$

4. 綜合 1.、2.、3.，$s = 14.26\ cm$，由剪力強度控制。

（二）此梁可配置剪力筋之最大間距 $\Rightarrow$ 使用最少的剪力鋼筋量 $A_{v,min}$

可能使用最少剪力鋼筋量 $A_{v,min}$ 的位置：

- $\phi V_c \ge V_u > \dfrac{1}{2}\phi V_c$ 處

- 配置 $A_{v,min}$ 時，依據所能提供的 ϕV_n，所對應的 V_u

1. 先確認 $\phi V_c \ge V_u > \dfrac{1}{2}\phi V_c$ 的對應範圍

（1）$\dfrac{1}{2}\phi V_c = \dfrac{1}{2} \times 0.75(16461) = 6173\ kgf \approx 6.17\ tf$

$\therefore V_u \le 6.17\ tf$ 處不用配筋

（2）$\phi V_c \ge V_u > \dfrac{1}{2}\phi V_c$ 處，配置最少鋼筋量 $A_{v,min}$

$\therefore 12.34\ tf \ge V_u > 6.17\ tf$ 處配置最少鋼筋量

（3）由設計剪力圖（下圖）中可發現，梁上的最小的設計剪力 $V_u = 16tf$，仍大於 ϕV_c，因此不存在 $V_u \le \phi V_c$ 的情況。

2. 計算配置最少剪力鋼筋量 $A_{v,min}$ ，所能提供的的 ϕV_n

若要配置剪力筋之最大間距，則會使用最少的剪力鋼筋量，此剪力鋼筋量即為『使用規範限定的最少剪力鋼筋量 $A_{v,min}$ 』，此時所對應的剪力筋間距 $\Rightarrow s = 57.11\ cm$

（1） $V_c = 0.53\sqrt{f_c'}\, b_w d = 16461\ kgf$

（2） $V_s = \dfrac{dA_v f_y}{s} = \dfrac{(50)(2 \times 1.267)(2800)}{57.11} = 6212\ kgf$

（3） $V_n = V_c + V_s = 16461 + 6212 = 22673 kgf$

（4） $\phi V_n = 0.75(22673) = 17005\ kgf \approx 17 tf$

3. 從設計剪力圖上，可依比例求出當 $V_u \le \phi V_n = 17 tf$ 的對應範圍，為梁中央起算左右各

$\dfrac{1}{6} m$ 處（如下圖），此範圍即為『需配置剪力筋之最大間距』的範圍

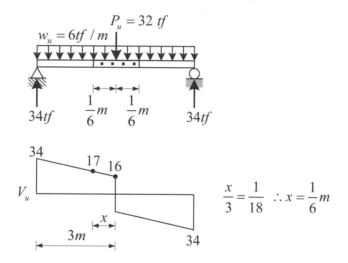

四、一橫箍筋矩形鋼筋混凝土柱，斷面尺寸 40 cm×60 cm，配置 12-D25 鋼筋（直徑 d_b = 2.54 cm，單根面積 a_b = 5.067 cm^2），D13 橫箍筋直徑（d_b = 1.27 cm），混凝土強度 f_c' = 315 kgf/cm^2，鋼筋 f_y = 4,200 kgf/cm^2，若中性軸如圖示位於右側第二排鋼筋位置，中性軸左邊為受拉應力區，右邊為受壓應力區。試求對應之彎矩設計強度 ϕM_n 及軸力設計強度 ϕP_n 為何？（25 分）

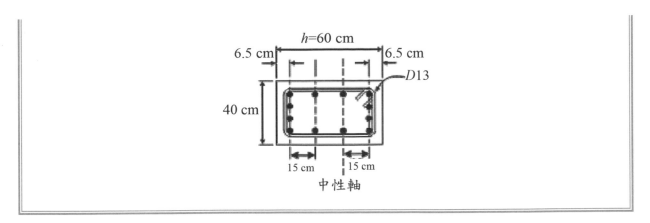

中性軸

參考題解

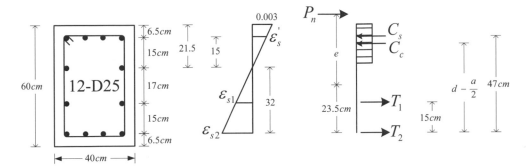

（一）計算鋼筋應力

1. 壓力筋：$\varepsilon_s^{'} = 0.003\left(\dfrac{15}{21.5}\right) = 2.1 \times 10^{-3} > \varepsilon_y \Rightarrow f_s^{'} = f_y = 4200 \ kgf / cm^2$

2. 拉力筋 1：$\varepsilon_{s1} = 0.003\left(\dfrac{17}{21.5}\right) = 2.37 \times 10^{-3} > \varepsilon_y \Rightarrow f_{s1} = f_y = 4200 \ kgf / cm^2$

3. 拉力筋 2：$\varepsilon_{s2} = 0.003\left(\dfrac{32}{21.5}\right) = 4.47 \times 10^{-3} > \varepsilon_y \Rightarrow f_{s2} = f_y = 4200 \ kgf / cm^2$

（二）混凝土與鋼筋的受力

1. 混凝土壓力：$C_c = 0.85 f_c^{'} ba = 0.85(315)(40)(0.825 \times 21.5) = 189969 \ kgf \approx 189.97 \ tf$

2. 壓力筋壓力：$C_s = A_s^{'}\left(f_y - 0.85 f_c^{'}\right) = (4 \times 5.067)(4200 - 0.85 \times 315) = 79699 \ kgf \approx 79.7 \ tf$

3. 拉力筋 1 拉力：$T = A_{s1} f_y = (2 \times 5.067)(4200) = 42563 \ kgf \approx 42.56 \ tf$

4. 拉力筋 2 拉力：$T = A_{s2} f_y = (4 \times 5.067)(4200) = 85126 \ kgf \approx 85.13 \ tf$

（三）計算 P_n、e、M_n

1. $P_n = C_c + C_s - T_1 - T_2 = 189.97 + 79.7 - 42.56 - 85.13 = 141.98 \ tf$

2. 以拉力筋為力矩中心，計算偏心距 e

$$P_n\left(e+d''\right)=C_c\left(d-\frac{a}{2}\right)+C_{s1}\left(d-d'\right)-T_1(15)$$

$$\Rightarrow 141.98\left(e+23.5\right)=189.97\left(53.5-\frac{0.825\times21.5}{2}\right)+79.7\left(53.5-6.5\right)-42.56(15)$$

$$\therefore e=58.1\ cm$$

3. $M_n=P_n e=141.98\left(58.1\right)=8249\ \text{tf}-cm\approx82.49\ tf-m$

（四）計算 ϕP_n、ϕM_n

1. 計算 ϕ： $\varepsilon_t=\varepsilon_{s2}=4.47\times10^{-3}$（過渡斷面）

$$\phi=0.65+\left(\varepsilon_t-0.002\right)\left(\frac{0.25}{0.003}\right)=0.65+\left(4.47\times10^{-3}-0.002\right)\left(\frac{0.25}{0.003}\right)=0.856$$

2. $\phi P_n=0.856\left(141.98\right)=121.53\ tf$

3. $\phi M_n=0.856\left(82.49\right)=70.61\ tf-m$

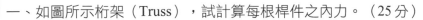

一、如圖所示桁架（Truss），試計算每根桿件之內力。（25分）

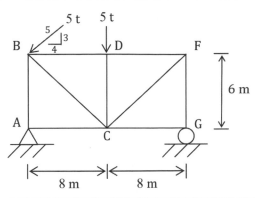

參考題解

（一）先求支承力，如圖（a）所式可得

$$A_x = 4t \ ; \ \mathrm{R_G} = \frac{(5 \times 8) - (4 \times 6)}{16} = 1t \ ; \ A_y = 3 + 5 - R_G = 7t$$

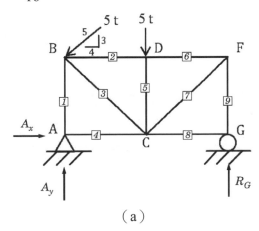

（a）

（二）再依節點法求各桿內力，結果如圖（b）所示。

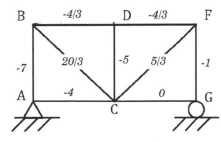

（b）各桿內力（單位：t）正值表拉力，負值表壓力

二、如圖所示構架（Frame），若每根柱之斷面尺寸皆相同，試利用懸臂梁近似法（Cantilever method）計算每根桿件兩端之彎矩（Moment）。（25分）

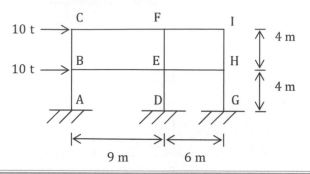

參考題解

（一）如圖（a）所示，依懸臂樑近似法，樑及柱的中央點均為反曲點，其彎矩為零，可視為鉸接點。另外，若中性面（N.S.）距柱 DEF 為 x，則有

$$A(9-x) = Ax + A(6+x) \quad （其中 A 為柱斷面積）$$

由上式解得 $x = 1m$

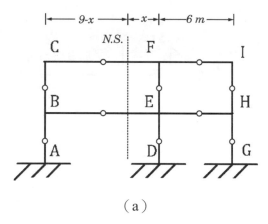

（a）

（二）依懸臂樑近似法可知，各柱軸力大小正比於柱至中性面的距離。因此，參圖（b）所示可得

$$8S(8) + S(1) + 7S(7) = 10(2)$$

由上式解得 $S = 0.175t$。再由平衡方程式，可解出各鉸接點之內力，結果如圖（b）中所示。

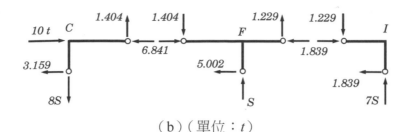

（b）（單位：t）

（三）同理，參圖（c）所示可得

$$8N(8) + N(1) + 7N(7) = 10(2) + 10(6)$$

由上式解得 $N = 0.702t$。再由平衡方程式，可解出各鉸接點之內力，結果如圖（c）中所示。

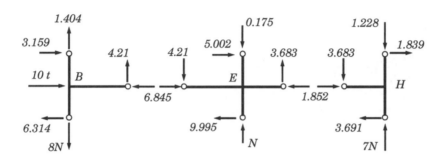

（c）（單位：t）

（四）由上述結果可得各桿件之桿端彎矩，並可繪彎矩圖如圖（d）所示。

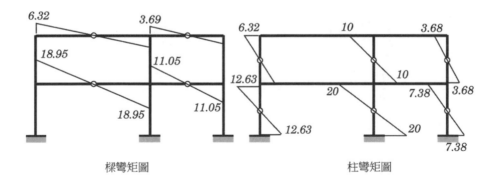

樑彎矩圖　　　　　　　柱彎矩圖

（d）M 圖（單位：t・m）（繪於受壓側）

註：懸臂法之假設條件如下：

1. 各樑及柱之中點為變形曲線的反曲點。因在反曲點處之內彎矩應為零，故相當於鉸接續。

2. 將整體結構視如固定於地面之懸臂樑，柱之軸力對斷面中性軸的合力矩，即應等於該斷面的內彎矩。且如樑斷面中之應力呈線性分佈一般，柱之軸力除以柱斷面積所得之應力，與柱至中性軸的距離成正比。

三、如圖所示連續梁，均布載重為 2 t/m，請計算每根梁兩端及中央之彎矩。令每根梁之

$\dfrac{EI}{L}=1$。（25分）

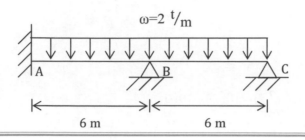

參考題解

（一）由傾角變位法公式，各桿端彎矩分別可表為

$$M_{AB} = \frac{EI}{L}[2\theta_B] + \frac{\omega L^2}{12} = 2\overline{\theta} + \frac{\omega L^2}{12}$$

$$M_{BA} = \frac{EI}{L}[4\theta_B] - \frac{\omega L^2}{12} = 4\overline{\theta} - \frac{\omega L^2}{12}$$

$$M_{BC} = \frac{EI}{L}[3\theta_B] + \frac{\omega L^2}{8} = 3\overline{\theta} + \frac{\omega L^2}{8}$$

上述式中之 $\overline{\theta} = \dfrac{EI}{L}\theta_B$；$L = 6m$。考慮 B 點的隅矩平衡，可得

$$M_{BA} + M_{BC} = 7\overline{\theta} + \frac{\omega L^2}{24} = 0$$

由上式解得 $\overline{\theta} = -\dfrac{\omega L^2}{168}$。故各桿端彎矩為

$M_{AB} = 5.143t \cdot m$（↺）；$M_{BA} = -7.714t \cdot m$（↻）

$M_{BC} = 7.714t \cdot m$（↺）

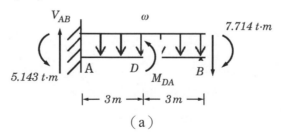

（a）

（二）參圖（a）所式之 AB 段桿件，其中

$$V_{AB} = \frac{(5.143 - 7.714) + 6\omega(3)}{6} = 5.572t$$

故中央 D 點之彎矩為

$$M_{DA} = V_{AB}(3) - 5.143 - 3\omega\left(\frac{3}{2}\right) = 2.572 t \cdot m \ (\circlearrowleft)$$

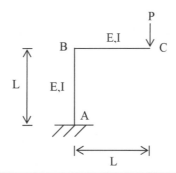

（b）

（三）參圖（b）所示之 BC 段桿件，其中

$$V_{BC} = \frac{7.714 + 6\omega(3)}{6} = 7.286 t$$

故中央 E 點之彎矩為

$$M_{EB} = V_{BC}(3) - 7.714 - 3\omega\left(\frac{3}{2}\right) = 5.143 t \cdot m \ (\circlearrowleft)$$

四、如圖所示構架，試求 C 點之垂直及水平位移。（25 分）

B　　E,I　　C　　P↓

L　　E,I

A

L

參考題解

（一）求支承力並繪 M/EI 圖，如圖（a）所示，其中

$$A_1 = \frac{PL^2}{2EI} \ ; \quad A_2 = \frac{PL^2}{EI}$$

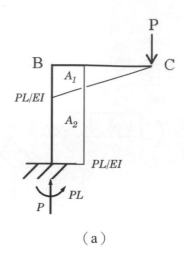

（a）

（二）如圖（b）所示，在 C 點施一垂直向單位力，並繪彎矩圖，其中

$$y_1 = \frac{2L}{3} \; ; \; y_2 = L$$

依單位力法，C 點垂直位移 C_V 為

$$C_V = A_1 \cdot y_1 + A_2 \cdot y_2 = \frac{4PL^3}{3EI} \; (\downarrow)$$

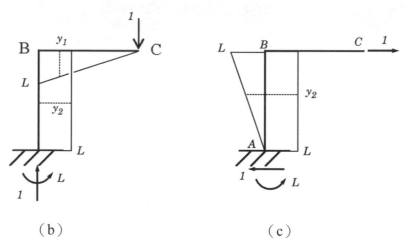

（b）　　　　　　　　　　（c）

（三）如圖（c）所示，在 C 點施一水平向單位力，並繪彎矩圖，其中

$$y_1 = 0 \; ; \; y_2 = L - \frac{L}{2} = \frac{L}{2}$$

依單位力法，C 點之水平位移 C_H 為

$$C_H = A_2 \cdot y_2 = \frac{PL^3}{2EI} \; (\rightarrow)$$

單元 **7**

地方特考四等

107 年特種考試地方政府公務人員考試試題／靜力學概要與材料力學概要

一、圖一中，外力 $P = 2$ kN 作用在 $OABCD$ 剛體，ADB 是連續繩索（cable）跨過無摩擦的滑輪（pulley）D。略去剛體 $OABCD$ 的自重，求平衡時，D 點及 O 點的反力，及繩索之拉力。（25分）

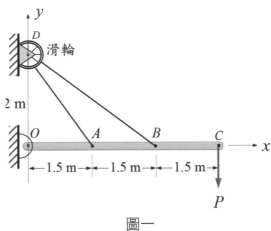

圖一

參考題解

（一）如下圖所示，考慮剛性桿可得

$$\sum M_O = T\left[\frac{4}{5}\left(\frac{3}{2}\right) + \frac{2}{\sqrt{13}}(3)\right] - P(4.5) = 0$$

$$\sum F_x = O_x - T\left[\frac{3}{5} + \frac{3}{\sqrt{13}}\right] = 0$$

$$\sum F_y = O_y + T\left[\frac{4}{5} + \frac{2}{\sqrt{13}}\right] - P = 0$$

由上列三式可得

$$T = 3.142kN \ ; \ O_x = 4.5kN\left(\rightarrow\right) \ ; \ O_y = -2.257kN\left(\downarrow\right)$$

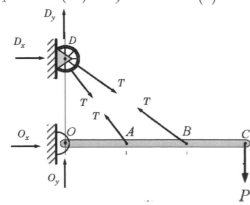

（二）由 D 節點可得

$$D_x = -T\left[\frac{3}{5} + \frac{3}{\sqrt{13}}\right] = -4.5kN\,(\leftarrow)$$

$$D_y = T\left[\frac{4}{5} + \frac{2}{\sqrt{13}}\right] = 4.257kN\,(\uparrow)$$

二、如圖二所示之結構，是由 AB 桿、BC 桿及 CD 桿所構成，兩端固定於 A,D 點。AB 及 CD 桿件之截面積皆為 $2A$；BC 桿件之截面積為 A；三桿件之楊氏模數皆為 E。在 B 點有外力 P 作用，在 C 點有外力 $2P$ 作用。求 AB 桿、BC 桿、CD 桿之軸力 N_{AB}、N_{BC}、N_{CD}，及 B 點的水平位移 δ_B。（25分）

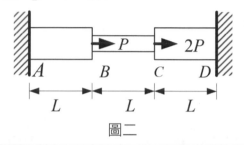

圖二

參考題解

（一）如下圖所示，取 R_A 為贅餘力，可得

$$\frac{R_A L}{2AE} + \frac{(R_A - P)L}{AE} + \frac{(R_A - 3P)L}{2AE} = 0$$

由上式可解得 $R_A = 5P/4$。故各桿軸力為

$$N_{AB} = \frac{5P}{4}\ (拉力)；\ N_{BC} = R_A - P = \frac{P}{4}\ (拉力)$$

$$N_{CD} = R_A - 3P = -\frac{7P}{4}\ (壓力)$$

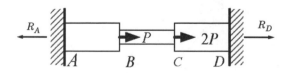

（二）B 點位移 δ_B 為

$$\delta_B = \frac{N_{AB}L}{2AE} = \frac{5PL}{8AE}(\rightarrow)$$

三、圖三（a）之梁受均布載重 q 作用，梁的長度 $L = 2\ m$，截面尺寸如圖三（b）所示。

（一）求支撐點 BC 的距離 S，使梁之最大彎矩為最小，且求此最小化之最大彎矩 $M_{max}=$ ？（15 分）

（二）接（一）小題求得之 M_{max}，若梁之允許拉應力 $\sigma_{allow} = 8.5\ MPa$，求最大均布載重 q_{max}。（10 分）

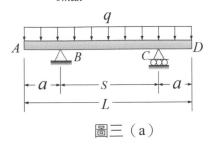

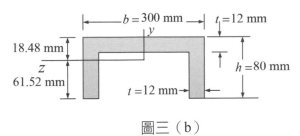

圖三（a） 圖三（b）

參考題解

（一）樑之內彎矩示意圖如下圖所示，其中

$$M_B = -\frac{qa^2}{2} = -\frac{q}{8}(L-S)^2 \qquad ①$$

$$M_E = M_B + \frac{qS^2}{8} = \frac{q}{8}(2LS - L^2) \qquad ②$$

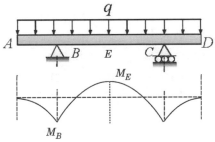

（二）當 $|M_B| = M_E$ 時，最大彎矩為最小（為何呢？），故令

$$(L-S)^2 = 2LS - L^2$$

由上式解得 $S = 0.586L = 1.172m$。因此，最小化之最大彎矩 M_{max} 為

$$M_{max} = \frac{q}{8}\left[4(1.172) - 4\right] = 0.086q$$

（三）由圖三（b）可得斷面之慣性矩 I_z 為

$$I_z = \left[\frac{300(80)^3}{12} + 24000(21.52)^2\right] - \left[\frac{276(68)^3}{12} + 18768(27.52)^2\right]$$

$$= 2.469 \times 10^6 \, mm^4 = 2.469 \times 10^{-6} \, m^4$$

最大拉應力為

$$\sigma_{max} = \frac{(0.086q)(61.52 \times 10^{-3})}{I_z} = 8.5 \times 10^3 \, kPa$$

由上式解得最大允許均佈載重 q_{max} 為

$$q_{max} = \frac{(8.5 \times 10^3)I_z}{0.086(61.52 \times 10^{-3})} = 3.97 \, kN/m$$

四、如圖四所示之繩索固定於 A、B 兩點，若每段繩索能承受之最大張力為 80 kN，略去繩索的自重，求最大施加載重 P、及每段繩索之張力。（25分）

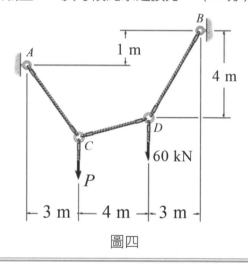

圖四

參考題解

（一）參圖（a）所示，由整體可得

$$\sum M_A = 10B_y - B_x - 60(7) - 3P = 0$$

由 BD 段可得

$$\sum M_D = 3B_y - 4B_x = 0$$

聯立上述二式，得

$$B_x = \frac{3}{37}(3P + 420) \; ; \; B_y = \frac{4}{37}(3P + 420)$$

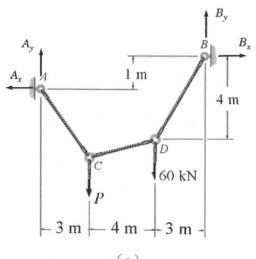

（a）

（二）另 BD 段張力等於最大張力，即

$$T_{BD} = \sqrt{B_x{}^2 + B_y{}^2}$$

$$= (3P + 420)\sqrt{\left(\frac{3}{37}\right)^2 + \left(\frac{4}{37}\right)^2} = 80kN$$

由上式解得最大載重 $P = 57.33kN$。故知

$$B_x = \frac{3}{37}(3P + 420) = 48kN \;；\; B_y = \frac{4}{37}(3P + 420) = 64kN$$

（三）A 端支承力為

$$A_x = B_x = 48kN \;；\; A_y = (60 + P) - B_y = 53.33kN$$

故得 AC 段張力

$$T_{AC} = \sqrt{A_x{}^2 + A_y{}^2} = 71.75kN$$

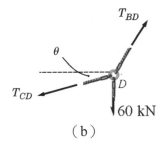

（b）

（四）參圖（b）所示可得

$$T_{CD}\sin\theta = \frac{4}{5}T_{BD} - 60 = 4$$

$$T_{CD}\cos\theta = \frac{3}{5}T_{BD} = 48$$

聯立二式，得出

$$\theta = 4.764^o \;；\; T_{CD} = 48.17kN$$

**107 年特種考試地方政府公務人員考試試題／
營建管理概要與土木施工學概要（包括工程材料）**

一、從營建管理的觀點來看，土木工程之工程風險種類眾多，亦容易產生工程糾紛，試說明
影響土木工程施工成敗因素。（25 分）

參考題解

影響土木工程施工成敗因素，說明於下：

（一）人員方面：

　　1. 工人數量：足夠工人數量，方可維持工進，確保施工品質。

　　2. 工人來源：穩定之工班，非臨時招聘，方有良好施工技術與素養。

　　3. 專業廠商技術：特殊或高技術工項，專業廠商技術能力，關係該工項甚至整體工程成
　　　 敗。

　　4. 幹部管理能力：幹部專業能力、經驗與領導特質，為推動工程重要因素。

（二）資金方面：

　　1. 廠商週轉資金：足夠週轉資金，方可維持工程運作。

　　2. 工程承攬金額：低價搶標、過度競爭，常導致工程承攬金額過低，因利潤過低甚至虧
　　　 損，易導致工程品質不良甚至停頓。

（三）材料方面：

　　1. 材料品質：當品質不符合設計與規範要求，易導致工程服務壽齡減短甚至失敗。

　　2. 材料供應：材料供應需充足，不致斷料，否則輕則影響工進與品質，重則使工程停頓，
　　　 甚至失敗。

　　3. 材料檢（試）驗：正確抽樣，具公信力與能力檢（試）驗，方可確認材料品質，利於
　　　 工程進行，避免材料品質缺失，影響施工品質。

（四）機具方面：

　　1. 工址適用性：適合工址條件之施工機具，方能正常運作，不致影響工進。

　　2. 機具能量：採用機具能量大小，需配合工址特性與工進需求。

　　3. 機具供應：機具供應需適時，避免影響工進或使工程停頓。

（五）工法方面：

　　1. 工址適合性：未採用適合工址特性與設計要求之工法，輕則影響工進與品質，重則使

工程停頓、甚至失敗。

2. 施工程序：依施工計畫之施工程序施作，配合作業亦如期完成，方能確保工程進行。

（六）其他方面：

1. 天災損壞：重大天災，往往導致施工中或已完工之工程受損。

2. 季節因素：受季節影響之工程（如防汛工程），未於季節因素產生前完成，輕則不易施作，重則使工程停頓、甚至失敗。

3. 政策變動：業主政策改變或法令修改，常導致工程暫時停工，甚至結算。

4. 設計不當：設計採用不當材料、工法，易導致工程服務壽齡減短甚至失敗。

二、土木工程之施工常有鋼材焊接工作，試說明土木工程施工之良好焊接條件有那些。（25分）

參考題解

（一）優良技能焊工：焊工需通過允許工作範圍之焊工資格檢定證照。

（二）具專業學養焊接監工：

1. 焊接監工需具備豐富焊接專業知識與經驗。

2. 依施工計畫，實施全面性監控。

（三）選用焊接性佳之母材：

1. 選用力學性能合乎要求且焊接性佳之母材。

2. 母材應正確加工，以免降低焊接性。

（四）使用正確焊接設備：選用適合母材性能之電焊機。

（五）採用正確規格焊條：採用適合母材特性與厚度之焊條規格（系列）。

（六）合宜之焊接條件：選擇合宜之焊接電流與焊速。

（七）適當作業空間與輔助設備：

1. 適當作業空間，使能以正確焊位實施焊接作業。

2. 合適焊接輔助設備。

（八）落實安全衛生管理：符合職業安全衛生法規相關規定，避免強光、有害氣體與感電等危害因子，危害作業人員。

三、營建管理在協助業主簽定工程合約時，試說明在財務方面應注意事項有那些。（25分）

參考題解

營建工程因造價高，龐大資金因有利息孳生與周轉調度問題，財務方面業主（甲方）延緩支付工程款，對其較有利；承攬廠商（乙方）則愈早取得工程款，對其愈有利。簽定工程合約時，除合約文件需符合規定，使具民法效力外，營建管理者在業主簽定工程合約時，財務方面應注意事項，分述於下：

（一）分期估驗計價方面：

1. 計價期數（計價頻率）：計價期數少，則間隔長，支付承攬廠商計價款日期較晚，業主可延緩支付工程款，減少利息孳生，易於資金周轉調度。

2. 付款日：計價完成，支付承攬廠商計價款付款日較晚時，業主可延緩支付工程款。

3. 票期：計價完成，支付承攬廠商計價款以支票方式給付，票期長者業主亦可延緩支付工程款。

4. 保留款：保留款係業主對估驗數量與品質風險之常用處置方法，亦可延緩支付部分工程款。額度過低，業主避險作用不足；額度過高，承攬廠商轉嫁於標價上，對業主反而不利。

（二）工程進度方面：

1. 開工日：對於工程完工日期無急迫需求時，開工日延後，業主可減少利息孳生，易於資金周轉調度。

2. 逾期罰款：工程逾期會影響整個專案營運日期或預售款取得時間之專案，逾期罰款額度需可足可補償業主損失；反之、以法令規定或慣用比例訂定逾期罰款額度。

3. 提前完工獎金：對於工程完工日期有急迫需求，提前完工獎金額度需兼顧具激勵作用與使業主整體效益呈正效益（例如：預售款取得時間同時提前之淨獲利）。

（三）預付款方面：預付款可降低承攬廠商資金壓力，有助於減少標價；同時，業主需提前支付部份工程款，其有無與其額度，應適度權衡。

（四）物價調整方面：物價調整指數條款可降低承攬廠商物價波動壓力，亦有助於穩定標價；但轉由業主承受波動壓力，其有無、採用指標與額度，皆應適當訂定。

（五）變更設計與數量差異方面：

1. 變更設計：變更設計，常涉及追加減帳，與新增項目或數量增減過大項目之單價議價，合約條款中需有明確規定。

2. 數量差異：數量差異分擔，與契約型態（總價契約、實作數量契約或其他）有關，亦產生數量增減過大項目之單價議價，合約條款中亦需有明確規定。

（六）工程保固方面：

1. 保固保證金：保固保證金為業主對工程品質風險之常用處置方法，亦可延緩支付少部分工程款。額度過低，業主避險作用不足；額度過高，承攬廠商轉嫁於標價上，對業主反而不利，應適當訂定。

2. 保固期限：保固期限亦為業主對工程品質風險之常用處置方法。期限過短，業主避險作用不足；期限過長，承攬廠商轉嫁於標價上，對業主反而不利。應針對不同性質工項，訂定合宜保固期限。

四、試繪流程圖說明土木工程施工之鋼骨構造主要作業項目。（25分）

參考題解

（一）鋼構廠（鋼骨構材製作）：

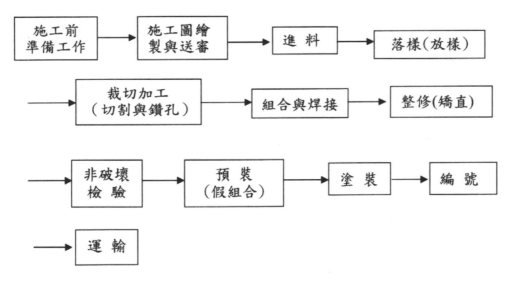

（二）工地（鋼骨構造安）：

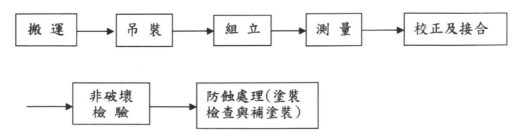

107 年特種考試地方政府公務人員考試試題／結構學概要與鋼筋混凝土學概要

一、試分析圖示桁架所有的支承反力與桿件內力,並求 b 點垂直變位。假設所有桿件的 $EA = 10^5$ kN。桿件內力必須標示張力或壓力。(25分)

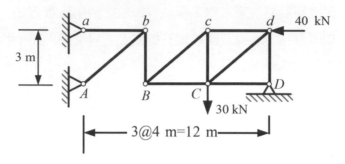

參考題解

(一)計算支承反力與桿件內力:切開 Bb 桿

1. 取右半部自由體圖

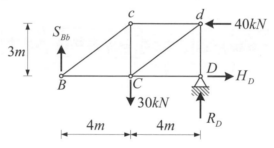

(1) $\sum F_x = 0$,$H_D = 40kN \ (\rightarrow)$

(2) $\sum M_D = 0$,$S_4 \times 8 = 40 \times 3 + 30 \times 4 \ \therefore S_4 = 30kN (拉)$

(3) $\sum F_y = 0$,$R_D = 0$

2. 以節點法可得右半部桁架各桿內力(如圖示)

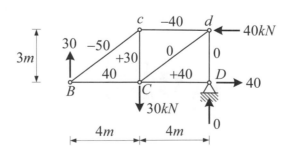

3. 取左半部自由體圖,以節點法可得左半部桁架各桿內力與 a、A 支承反力

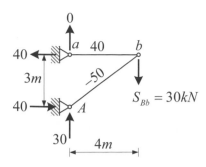

4. 整體桁架支承反力與各桿內力，如下圖所示

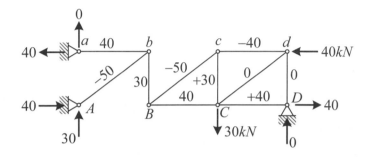

（二）以單位力法計算 b 點垂直變位⇒於 b 點施加 1 單位向下力，得各桿內力 n 圖

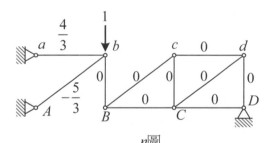

n圖

$$1 \cdot \Delta_{CV} = \sum n \frac{NL}{EA} \Rightarrow \Delta_{CV} = \left(\frac{4}{3}\right)\frac{40 \times 4}{EA} + \left(-\frac{5}{3}\right)\frac{-50 \times 5}{EA} = \frac{630}{EA} = 6.3 \times 10^{-3} m(\downarrow)$$

二、試繪製圖示構架的剪力圖和彎矩圖。（25分）

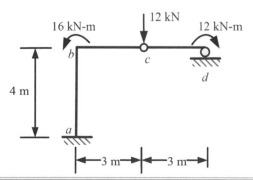

參考題解

支承反力與剪力圖和彎矩圖如下圖所示

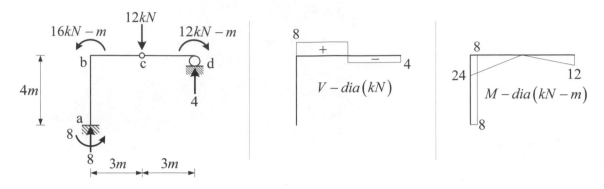

※作答規範：下列兩題需依據內政部於民國 106 年 7 月 1 日公布之「混凝土結構設計規範」或
中國土木水利工程學會「混凝土工程設計規範與解說（土木 401-100）」作答，未
依上述規範作答，不予計分。

三、一矩形梁斷面如下圖所示，梁寬為 40cm，拉力筋配置 8 支 D29 鋼筋，每支斷面積 6.469 cm²，
分上下排配置，壓力區最外緣至上下排拉力筋形心為 65 cm，至最下排拉力筋形心為 68 cm，
混凝土抗壓強度為 280 kgf/cm²，鋼筋降伏強度為 4200 kgf/cm²，求斷面設計彎矩強度
ϕM_n。（25分）

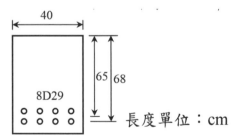

長度單位：cm

參考題解

（一）$d_{上} = 62 \ cm$

$d = 65 \ cm$

$d_t = 68 \ cm$

（二）$A_s = 8(6.469) = 51.752 \ cm^2$

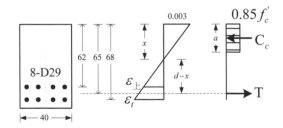

（三）中性軸位置 x：假設拉力筋降伏（$\varepsilon_s > \varepsilon_y$）

1. $C_c = 0.85 f_c' ba = 0.85(280)(40)(0.85x) = 8092x$

2. $T = A_s f_y = 51.752(4200) \approx 217358 \ kgf$

3. $C_c = T \implies 8092x = 217358 \therefore x \approx 26.9cm$

$$\varepsilon_{\perp} = \frac{d_{\perp} - x}{x}(0.003) = \frac{62 - 26.9}{26.9}(0.003) = 3.91 \times 10^{-3} > \varepsilon_y \ (ok)$$

上層筋降伏，下層筋必定也降伏

（四）ϕM_n

1. $M_n = C_c \left(d - \frac{a}{2} \right) = 8092(26.9) \left(65 - \frac{0.85 \times 26.9}{2} \right) = 11660295 \ kgf - cm \approx 116.6 \ tf - m$

2. $\varepsilon_t = \frac{d_t - x}{x} \times 0.003 = \frac{68 - 26.9}{26.9} \times 0.003 = 4.58 \times 10^{-3}$ （過渡斷面）

$$\phi = 0.65 + (\varepsilon_t - 0.002) \left(\frac{0.25}{0.003} \right) = 0.65 + \left(4.58 \times 10^{-3} - 0.002 \right) \left(\frac{0.25}{0.003} \right) = 0.865$$

3. $\phi M_n = 0.865(116.6) \approx 100.86 \ tf - m$

四、一矩形梁斷面如下圖所示，梁寬為 40 cm，斷面有效深度為 55 cm，配置 D10 之箍筋，箍筋每肢斷面積為 0.7133 cm²，間距為 15 cm。混凝土抗壓強度為 280 kgf/cm²，鋼筋降伏強度為 4200 kgf/cm²。$V_c = 0.53\sqrt{f_c'}b_w d$。

（一）求斷面設計剪力強度 ϕV_n。（15 分）

（二）若箍筋用量可再提高，求此斷面最大所能提供的設計剪力強度 ϕV_n。（5 分）

（三）若移除所有箍筋，求此斷面最大所能提供的設計剪力強度 ϕV_n。（5 分）

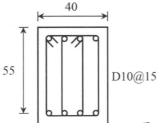

長度單位：cm

參考題解

（一）斷面設計剪力強度 ϕV_n

1. 混凝土提供的剪力強度：$V_c = 0.53\sqrt{f_c'}b_w d = 0.53\sqrt{280} \times 40 \times 55 = 19511 \ kgf$

2. 剪力筋提供的剪力強度：$V_s = \frac{dA_v f_y}{s} = \frac{(55)(4 \times 0.713)(4200)}{15} = 43939 \ kgf$

3. 剪力計算強度：$V_n = V_c + V_s = 19511 + 43939 = 63450 \ kgf \approx 63.45 \ tf$

4. 斷面設計剪力強度：$\phi V_n = 0.75 \times 63.45 \approx 47.59 \ tf$

（二）斷面最大所能提供的設計剪力強度 $\phi V_n = \phi V_{n,max}$

1. $V_{n,max} = 5V_C = 5 \times 19511 = 97555 \ kgf \approx 97.56 \ tf$

2. $\phi V_{n,max} = 0.75 \times 97.56 = 73.17 \ tf$

（三）若移除所有箍筋，設計剪力強度 $\phi V_n = \phi V_c$

$\therefore \phi V_n = \phi V_c = 0.75 \times 19511 = 14633 \ kgf \approx 14.63 \ tf$

107 年特種考試地方政府公務人員考試試題／測量學概要

一、測量員甲於上午利用新購之經緯儀觀測某一角度，分別為 62°18′15″、62°18′22″、
62°18′17″、62°18′20″、62°18′21″，中午時另一測量員乙亦利用此儀器再觀測同一角度，
分別為 62°18′34″、62°18′24″、62°18′28″、62°18′23″、62°18′31″。
（一）請問兩位測量員所觀測的角度最或是值及觀測值中誤差分別為何？（12 分）
（二）請分析觀測結果不同之原因可能為何？（8 分）

參考題解

（一）測量員甲觀測之最或是值及觀測值中誤差：

$$\theta_{甲} = 62°18′00″ + \frac{15″ + 22″ + 17″ + 20″ + 21″}{5} = 62°18′19″$$

$$[VV] = (19-15)^2 + (19-22)^2 + (19-17)^2 + (19-20)^2 + (19-21)^2 = 34$$

觀測值中誤差 $m_{甲} = \pm\sqrt{\frac{34}{5-1}} = \pm 2.9″ \approx \pm 3″$

最或是值中誤差 $M_{甲} = \pm\sqrt{\frac{34}{5(5-1)}} = \pm 1.3″ \approx \pm 1″$

測量員乙觀測之最或是值及觀測值中誤差：

$$\theta_{乙} = 62°18′00″ + \frac{34″ + 24″ + 28″ + 23″ + 31″}{5} = 62°18′28″$$

$$[VV] = (28-34)^2 + (28-24)^2 + (28-28)^2 + (28-23)^2 + (28-31)^2 = 86$$

觀測值中誤差 $m_{乙} = \pm\sqrt{\frac{86}{5-1}} = \pm 4.6″ \approx \pm 5″$

最或是值中誤差 $M_{乙} = \pm\sqrt{\frac{86}{5(5-1)}} = \pm 2.1″ \approx \pm 2″$

（二）測量員乙的觀測值精密度較低，這是因為中午觀測的觀測條件較上午觀測差，例如陽光
照射影響目標照準、大氣折射較大、熱氣對流產生影像抖動等氣象因素，故而導致偶然
誤差增大，各觀測量相對於平均值之間的散佈便會較大也較離散。

二、利用免稜鏡之全測站儀（Total Station）測量一垂直地面之高塔，在空曠處整置好儀器後，利用皮尺量得儀器高 i = 1.492 m ± 0.001 m，經觀測塔頂得斜距為 126.352 m ± 0.002 m、天頂距為 81°35′34″ ± 10″，觀測塔底得斜距為 125.004 m ± 0.002 m、天頂距為 90°43′24″ ± 10″，請計算該塔之高度及其中誤差？（註：觀測值±之意義為中誤差）（20 分）

參考題解

（一）如下圖所示，塔高 H 計算如下：

$$H = L_1 \times \cos Z_1 - L_2 \times \cos Z_2$$
$$= 126.352 \times \cos 81°35′34″ - 125.004 \times \cos 90°43′24″$$
$$= 20.052m$$

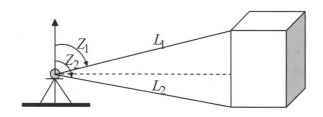

（二）塔高 H 之中誤差計算如下：

$$\frac{\partial H}{\partial L_1} = \cos Z_1 = \cos 81°35′34″ = 0.1462$$

$$\frac{\partial H}{\partial Z_1} = -L_1 \times \sin Z_1 = -126.352 \times \sin 81°35′34″ = -124.9942m$$

$$\frac{\partial H}{\partial L_2} = \cos Z_2 = \cos 90°43′24″ = -0.0126$$

$$\frac{\partial H}{\partial Z_2} = -L_2 \times \sin Z_2 = -125.004 \times \sin 90°43′24″ = -124.9940m$$

$$M_H = \pm \sqrt{(\frac{\partial H}{\partial L_1})^2 \cdot M_{L_1}^2 + (\frac{\partial H}{\partial Z_1})^2 \cdot (\frac{M_{Z_1}''}{\rho''})^2 + (\frac{\partial H}{\partial L_2})^2 \cdot M_{L_2}^2 + (\frac{\partial H}{\partial Z_2})^2 \cdot (\frac{M_{Z_2}''}{\rho''})^2}$$

$$= \pm \sqrt{0.1462^2 \times 0.002^2 + (-124.9942)^2 \times (\frac{10}{\rho})^2 + (-0.0126)^2 \times 0.002^2 + (-124.9940)^2 \times (\frac{10}{\rho})^2}$$

$$= \pm 0.009m$$

三、有一三角形如圖示，已知 A、B 之 XY 坐標分別為 A（100.00, 200.00），B（150.00, 300.00）

（單位：公尺），今觀測得 α=63°10′23″，β=69°20′16″，γ=47°29′39″。

（一）試以內角條件平差求 α、β、γ？（6分）

（二）以平差後之觀測角度，用 A、B 點坐標求 C 點之坐標？（14分）

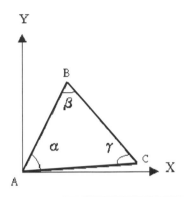

參考題解

（一）三內角閉合差 $w = \alpha + \beta + \gamma = 63°10′23″ + 69°20′16″ + 47°29′39″ = +18″$

$$\alpha' = \alpha - \frac{w}{3} = 63°10′23″ - \frac{18″}{3} = 63°10′17″$$

$$\beta' = \alpha - \frac{w}{3} = 69°20′16″ - \frac{18″}{3} = 69°20′10″$$

$$\gamma' = \gamma - \frac{w}{3} = 47°29′39″ - \frac{18″}{3} = 47°29′33″$$

（二）根據題目附圖假設 Y 軸為北方，則由 A、B 坐標計算邊長 $\overline{AB}$ 及方位角 ϕ_{AB}：

$$\overline{AB} = \sqrt{(150.00-100.00)^2 + (300.00-200.00)^2} = 111.803m$$

$$\phi_{AB} = \tan^{-1}(\frac{150.00-100.00}{200.00-100.00}) = 26°33′54″$$

$$\phi_{AC} = \phi_{AB} + \alpha' = 26°33′54″ + 63°10′17″ = 89°44′11″$$

$$\overline{AC} = \overline{AB} \times \frac{\sin\beta'}{\sin\gamma'} = 111.803 \times \frac{\sin 69°20′10″}{\sin 47°29′33″} = 141.904m$$

$$\Delta X_{AC} = 141.904 \times \sin 89°44′11″ = +141.902m$$

$$\Delta Y_{AC} = 141.904 \times \cos 89°44′11″ = +0.653m$$

$$X_C = 100.00 + 141.902 = 241.902 \approx 241.90m$$

$$Y_C = 200.00 + 0.652 = 200.652 \approx 200.65m$$

四、有一四邊形土地，現有兩組人員進行測量，每組測量兩個點位，單位為 m，第一組測得點位 EN 坐標分別為（242520, 2654730）、（242570, 2654790），第二組測得點位坐標為（242590, 2654710）、（242620, 2654750），請計算此筆土地之面積？另欲通過（242520, 2654730）點位，將該土地分割成等面積之二筆土地，試求通過此點之分割直線與此四邊形另一交點坐標？（20 分）

參考題解

根據題目之點位坐標繪得土地形狀約如下圖。為簡化計算，後續解題時先將各點坐標減去 (242500, 2654700)，以相對坐標 $A(20, 30)$、$B(70, 90)$、$C(120, 50)$ 和 $D(90, 10)$ 進行各項計算，最後再加回(242500, 2654700)即可。

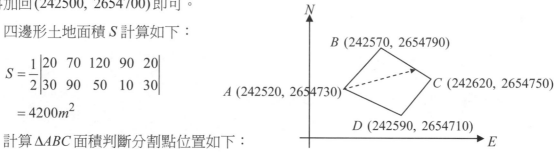

（一）四邊形土地面積 S 計算如下：

$$S = \frac{1}{2}\begin{vmatrix} 20 & 70 & 120 & 90 & 20 \\ 30 & 90 & 50 & 10 & 30 \end{vmatrix}$$
$$= 4200m^2$$

（二）計算 ΔABC 面積判斷分割點位置如下：

$$\frac{1}{2}\begin{vmatrix} 20 & 70 & 120 & 20 \\ 30 & 90 & 50 & 30 \end{vmatrix} = 2500m^2 > \frac{4200}{2} = 2100m^2$$

所以通過 $A(20, 30)$ 點位之分割直線與此四邊形另一交點 P 將位於 $\overline{BC}$ 邊上。設 P 點坐標為為 (E_P, N_P)，則

ΔABP 面積：$\frac{1}{2}\begin{vmatrix} 20 & 70 & E_P & 20 \\ 30 & 90 & N_P & 30 \end{vmatrix} = 2100 \cdots (a)$

$\square APCD$ 面積：$\frac{1}{2}\begin{vmatrix} 20 & E_P & 120 & 90 & 20 \\ 30 & N_P & 50 & 10 & 30 \end{vmatrix} = 2100 \cdots (b)$

根據（a）、（b）得：

$$6E_P - 5N_P = 390 \cdots (c)$$

$$-E_P + 5N_P = 170 \cdots (d)$$

（c）、（d）二式聯立解算得 P 點相對坐標為：$E_P = 112m$，$N_P = 56.4m$

故分割點 P 之坐標為：

$$E_P = 242500 + 112 = 242612m$$

$$N_P = 2654700 + 56.4 = 2654756.4m$$

五、在測量技術中利用 GNSS（Global Navigation Satellite System）進行點位坐標量測已被廣
　　泛使用，以 GPS（Global Positioning System）系統進行點位測量為例，說明影響定位精度
　　之誤差來源有那些？請說明之。（20分）

參考題解

衛星定位的精度與下列兩個因素有關：

（一）與觀測量相關的各項誤差

誤差來源	誤差種類	誤差產生原因
衛星 相關誤差	星曆（軌道）誤差	衛星廣播星曆所提供的衛星空間位置與衛星的實際位置不一致，導致定位成果的偏差。
	衛星時錶誤差	衛星的原子鐘與 GPS 標準時間之間仍存在著偏差或飄移，造成了時間的同步誤差。
訊號傳播 相關誤差	對流層延遲誤差	對流層會對無線電訊號產生折射的現象，造成訊號傳播時間的延遲，但此影響與訊號之頻率無關，但與衛星高度、測站緯度及高度相關。
	電離層延遲誤差	電離層內充滿了不穩定狀態的離子化粒子和電子，對 GPS 無線電訊號會有折射影響，導致衛星訊號的傳播時間延遲。電離層延遲誤差與觀測日期、季節、太陽黑子活動和衛星高度等因素相關。
	多路徑效應誤差	接收天線除了直接接收到衛星訊號外，同時也會接收到經周圍地物反射的間接訊號，兩種訊號因到達天線相位中心的時間不同步而存在著時間差和相位差，疊加在一起會引起測量點（天線相位中心）位置的變化。

誤差來源	誤差種類	誤差產生原因
接收儀相關誤差	天線相位中心變化	在衛星定位中，觀測值是以天線的相位中心為準，理論上天線的相位中心應與其幾何中心應保持一致。實際上相位中心會隨著訊號的強度和方向的不同而改變，導致觀測瞬間的相位中心與幾何中心不一致。
	接收儀時錶誤差	衛星接收儀採用的時鐘，其穩定度與 GPS 的標準時間有較大的同步誤差，對定位成果影響甚鉅。
	週波未定值	載波相位測量在剛接收到衛星訊號時，無法得知載波訊號自衛星傳播到接收儀之過程中，共經歷了多少個整週波數，稱為週波未定值，必須精確獲得週波未定值，才能獲得高精度的定位成果。
	週波脫落	觀測過程因故中斷訊號的接收，致使應持續累積之整週波數不正確而無法定位或有極大的定位誤差，稱為週波脫落。
其他誤差	天線高量測誤差	由於天線的型式、廠牌不同，天線高量測的量測方式也不同，此誤差對精密控制測量的影響甚大。

（二）衛星的幾何分佈：觀測時的衛星幾何分佈狀態會影響定位精度，為了表示衛星分佈的幾何圖形結構對定位精度的影響，引入精度因子 DOP（Dilution of Precision）的概念，只要能使 DOP 值降低便可提高定位精度，觀測時應規定 GDOP 的最大限制值。因衛星的空間分佈是動態的，所以 DOP 值也是隨時變化的，觀測過程應隨時予以注意。

單元 **8**

司法特考三等
檢察事務官

---

107 年公務人員特種考試司法人員考試試題／ 施工法（包括土木、建築施工法與工程材料）

一、建築地下室開挖時，常因工期趕而採用逆打工法。

（一）請說明營造廠在此工期限制下，選擇逆打工法之理由。（13 分）

（二）請說明施作逆打工法時之應注意事項。（12 分）

參考題解

（一）選擇逆打工法之理由：

1. 總工期短：地下層與地上層可並行施工，天候影響小。

2. 無需架設作業棧橋：梁版直接做為作業版。

3. 可適合開挖面積大，深度大構造物：安全性不受水平向尺度影響；深度越大，經濟性越高。

4. 適合開挖平面不規則，地面高程差異大工址：係以永久性構造物，克服特殊基地條件。

5. 安全性高：為穩定性高之擋土工法，對周圍地盤與構造物影響小。

6. 公害發生機率低：地下施工噪音大部份被梁版隔絕，擾鄰事件少。

（二）注意事項：

1. 注意通風。

2. 開挖前，適當降低地下水位。

3. 確認支撐構架之強度，再行下一階段施工。

4. 各層之混凝土施工縫妥善處理。

5. 結構體與擋土壁間保持足夠間隙。

二、混凝土為土木建築常用之主要材料之一。

（一）高性能混凝土（HPC）常被稱為綠色材料之一，請說明其主要原因。（13 分）

（二）混凝土表面往往因故起砂起塵，請說明其可能之成因。（12 分）

參考題解

（一）高性能混凝土常被稱為綠色材料之一的主要原因：

1. 減少水泥用量，降低碳排量：

製造 1 噸水泥，產生 0.94 噸 CO_2 排放量。高性能混凝土可減少水泥用量，原因如下：

（1）採用緻密配比與使用高性能減水劑減水，減少膠結材體積與用量。

（2）摻用適量卜作嵐材料，取代水泥。

2. 提高構造物壽齡，減少資源使用量：

地球資源有限，高性能混凝土可減少水泥用量，原因如下：

（1）使用適量卜作嵐材料與緻密配比，提升構造物耐久性。

（2）提高混凝土材料強度，減少構造物構材尺寸與材料用量。

（3）利用高性能減水劑控制最少漿量，增加混凝土體機穩定性。

（4）優越工作性，避免施工蜂窩等缺失，防止工人擅自加水之情事。

（二）混凝土表面起砂起塵可能之成因：

1. 泌水：單位用水量過高（多漿配比）、摻用高性能減水劑未減水或工人擅自加水等，均會使混凝土產生泌水與析離，表層為水灰比大且無粗粒料之乳沫層，其強度或抗磨損性均甚低。

2. 水灰比過大：混凝土水灰比或水膠比過高，強度降低，抗磨損性亦降低。

3. 細粒料品質欠佳：細粒料級配過細（細砂過多）或含泥量過高，均不利於抗磨損性。

4. 細粒料率過高：配比中細粒料率偏高（粗粒料用量低），使抗磨損性降低。

5. 礦物摻料用量過多：

（1）硬度低之惰性或半惰性礦物摻料用量過多時，對強度或抗磨損性均有不利影響。

（2）卜作嵐摻料用量過多，當水化產生或外加觸媒量不足時，卜作嵐反應無法充分發展，對強度或抗磨損性均有負面影響。

6. 養護不當：混凝土未能適時養護或養護作業不良，因日晒或強風導致混凝土表面水分喪失，無法充分水化。

7. 施工管制不良：混凝土表面強度不足，即進行施工（如趕工、氣溫低等），易使鑄面磨損。

三、鋼筋混凝土工程於模板組立、鋼筋綁紮與混凝土澆置等工項之施作前中後，皆有應注意事項須落實以確保品質。

（一）請說明混凝土澆置前之應注意事項。（13 分）

（二）請說明模板工程之主要品質缺失。（12 分）

參考題解

（一）混凝土澆置前應注意事項：

1. 混凝土產製之準備工作：

（1）材料準備：種類、規格、數量與配比確認。

（2）拌合機與計量器性能：

①預拌混凝土：依規定驗廠或依規定查核相關品質文件。

②場拌混凝土：拌合機之性能檢查與計量器精確度確認（最大容量±0.4%以內）。

（3）動力與水源供應。

2. 混凝土輸送及澆置機具之準備。

3. 澆置面之處理：

（1）土質基礎面：其表面應加夯實至規定夯實度，並灑水潤濕，但不可有積水現象。

（2）岩石基礎面：開挖至堅實表面（成水平或階梯狀）；應將表面石屑、泥渣、油漬加以清理並灑水潤濕，但不可有積水現象。

（3）既有混凝土表面：應清除表面上之水泥乳膜、養護劑、雜物、鬆動之混凝土屑及粒料後，並將該表面予以打毛成粗糙面，以利新舊混凝土之結合，澆置前將既有混凝土表面予以充分潤濕。

（4）模板：於澆置混凝土前清理乾淨，模板面濕潤或塗刷脫膜劑，不得有積水。

4. 鋼筋組立檢查。

5. 埋設物或設備之定位。

6. 氣候之檢討及防護材之準備。

7. 澆置作業人員配置之確認。

8. 修改工作技術工配置。

9. 試驗器具之準備。

10. 澆置順序與分區之劃分。

（二）模板工程之主要品質缺失：

1. 構材尺寸公差過大：

尺寸超過公差（尺寸不足或過大），常見原因：

（1）放樣或加工誤差過大。

（2）板材吸水膨脹。

（3）緊結過緊。

（4）檔材尺寸錯誤。

　　（5）承包商故意行為。

2. 構材位置錯誤：

　　構材位置與設計不符，常見原因：

　　（1）放樣錯誤。

　　（2）模板施工固定不實產生移位。

　　（3）組立時未依正確墨線施作。

3. 垂直精度不佳：

　　構材垂直精度超過公差，常見原因：

　　（1）組立後緊結固定不確實。

　　（2）爆模處理欠當。

　　（3）組立作業檢查疏漏。

4. 水平精度不佳：

　　構材水平精度超過公差，常見原因：

　　（1）水平構材預拱量不正確。

　　（2）水平基準引測誤差與校核未落實。

　　（3）支撐產生沉陷或歪斜。

　　（4）支撐間距過大，未使用水平繫條。

5. 混凝土鑄面缺失：

　　（1）模板轉用次數過多，產生破損與變形。

　　（2）組立密合度不佳，補縫不當，產生漏漿。

　　（3）模板未適時清理及使用脫模劑。

6. 其他缺失：

　　（1）模板內殘留雜物未清理（或未設清潔孔）。

　　（2）未預留開口處。

　　（3）埋設物固定不當。

四、橋梁與隧道為鐵公路系統之主要設施之一，請依據橋梁與隧道工程之理論與實務，逐一回答：

（一）隧道工程常使用噴凝土，請說明噴凝土之組成。（13 分）

（二）近代已發展出多項快速有效之橋梁工法，如預鑄節塊工法與預鑄斜撐工法等。請說明在那些橋梁工法施作時，需使用鼻梁輔助施工，並請說明該工法之特性。（12 分）

參考題解

（一）噴凝土之組成：

1. 水泥：符合 CNS 61 規定之卜特蘭水泥，即第 I 型、第 II 型、第 II（MH）型、第 III 型、第 IV 型、第 V 型、輸氣第 IA 型、輸氣第 IIA 型、輸氣第 II（MH）A 型及輸氣第 IIIA 型。

2. 粒料：細粒料通過 #200 篩之有害物質含量不得大於 3%，粗粒料之組成至少應有 90% 之重量比為碎石顆粒，每顆碎石顆粒至少應有 2 個破碎面。混合粒料級配依設計。

3. 拌和用水：應符合 CNS 13961 之規定。

4. 速凝劑：應避免環境污染、地下水和水源污染的產生。速凝劑品質須符合以下規定：

   （1）氯離子含量不得超過自重之 1%。

   （2）Na_2O 鹼當量（$Na_2O + 0.658 K_2O$）不得超過自重之 1%。

5. 銲接鋼線網：加強噴凝土用，固定間距 ≦1m。

◎ 若採用「鋼纖維噴凝土」者，增加下列組成：

   （1）鋼纖維：加強噴凝土強度，採冷拉鋼纖維，其型式及尺寸應避免結球，適於噴凝土施工及能達到加強噴凝土強度要求者。

   （2）矽灰：增加鋼纖維噴凝土之黏著性與強度。

   （3）高性能減水劑：增加鋼纖維噴凝土工作性。

   （4）輸氣劑：增加鋼纖維噴凝土之凍融抵抗性（視需要而定）。

（二）需使用鼻梁輔助施工之橋梁工法與特性：

1. 橋梁工法：節塊推進工法需使用鼻梁輔助施工，其原因如下：

   （1）減少上部結構負彎距與變位。

   （2）上部結構推進時方向導引。

2. 工法特性：

（1）自動化程度：高度自動化，需精密控制。

（2）線形要求：單純直線或曲率半徑大之圓曲線，小半徑曲線不適用（半徑≧300m 為宜）。

（3）工址需求：受地形影響小，橋台後方需有腹地設置預鑄場。

（4）橋長限制：≦700m（受橋重與推進能量限制）。

（5）橋梁跨度：短～中（30～60m）。

（6）施工速度：中等。

（7）品質管制：預鑄節塊，單元施工，品質管制易。

（8）地面支撐：高空施作，毋需架設支撐。

（9）輔助施工：需鼻梁與臨時支承（滑動支承）輔助施工。

107 年公務人員特種考試司法人員考試試題／結構分析（包括材料力學與結構學）

一、附圖所示，為一根由兩種不同材料所構成的桿件。桿件的兩端固著於堅實的牆壁上。材料 1 之彈性模數為 $E_1 = 2.0 \times 10^5\ kgf\,/\,cm^2$，熱脹係數為 $\alpha_1 = 1.0 \times 10^{-5}\,/\,°C$；材料 2 之彈性模數為 $E_2 = 1.0 \times 10^5\ kgf\,/\,cm^2$，熱脹係數為 $\alpha_2 = 3.0 \times 10^{-5}\,/\,°C$。兩種材料之桿件斷面積均為 $10\ cm^2$。現將桿件均勻升溫 $500°C$，試求：C 點的位移量與固定端軸力。（25 分）

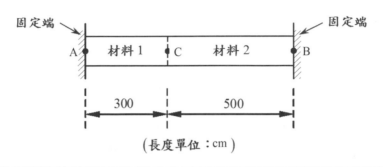

參考題解

（一）如下圖所示，取軸力 S 為贅餘力，可得

$$\left(\frac{-Sl_1}{A\,E_1} + \alpha_1 l_1 \cdot \Delta T \right) + \left(\frac{-Sl_2}{A\,E_2} + \alpha_2 l_2 \cdot \Delta T \right) = 0$$

由上式可得

$$S = \left[\frac{\alpha_1 l_1 + \alpha_2 l_2}{\left(l_1 / A\,E_1 \right) + \left(l_2 / A\,E_2 \right)} \right] \cdot \Delta T = 13846.15\ kgf\ (\text{壓力})$$

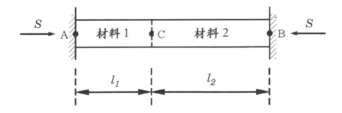

（二）AC 段長度變化量為

$$\delta_{AC} = \frac{-Sl_1}{A\,E_1} + \alpha_1 l_1 \cdot \Delta T = -0.577\ cm$$

故 C 點位移量為：$\Delta_C = 0.577\ cm\,(\leftarrow)$

二、附圖所示，為一根由梁與版所合成的簡支梁結構。梁與版均使用相同的材料。該材料之彈性模數為 $E = 1.0 \times 10^5 \, kgf/cm^2$，單位體積重為 $\gamma = 2,000 \, kgf/m^3$。首先，梁於工廠內製作完成，並運送至工地，然後以吊車將梁的兩端分別安放在鉸支承與輥支承上。隨後，將版構材黏著於梁頂面上，因而形成一個 T 形斷面之撓曲構材。最後，再於跨度中央處放置一個 $P = 6,000 \, kgf$ 的集中荷重。試求：在跨度中央處，預鑄梁之頂面與底面的撓曲應力。（25 分）

附註：預鑄梁與版的自重，均須被考慮於本問題之分析。

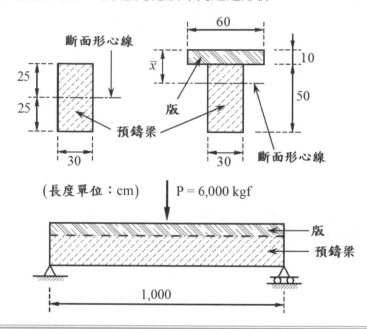

（長度單位：cm）

參考題解

（一）斷面形心位置 $\bar{x}$ 為

$$\bar{x} = \frac{600(5) + 1500(35)}{600 + 1500} = 26.429 \, cm$$

斷面對形心軸（中性軸）之面積慣性矩 I 為

$$I = \left[\frac{60(10)^3}{12} + 600(21.429)^2\right] + \left[\frac{30(50)^3}{12} + 1500(8.571)^2\right]$$

$$= 7.032 \times 10^5 \, cm^4$$

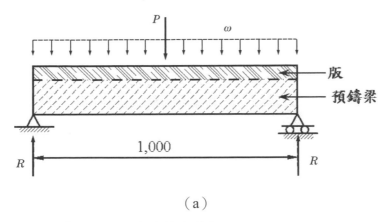

（a）

（二）參圖（a）所示，其中自重產生之均佈負荷為

$$\omega = (2100 \times 1) \times (2000/10^6) = 4.2\,kgf/cm$$

支承力為

$$R = \frac{1}{2}[P + 1000\omega] = 5100\,kgf$$

故桿件中央處之內彎矩為

$$M = R(500) - \omega(500)(250) = 2.025 \times 10^6\,kgf \cdot cm$$

（三）預鑄樑之頂面的撓曲應力 σ_1 為

$$\sigma_1 = \frac{M(16.429)}{I} = 47.31\,kgf/cm^2\,(壓應力)$$

預鑄樑之底面的撓曲應力 σ_2 為

$$\sigma_2 = \frac{M(33.571)}{I} = 96.67\,kgf/cm^2\,(拉應力)$$

三、附圖所示，為一根梁構材。該梁下方由三根彈簧所支承。梁之撓曲剛度為 $EI = 7.2 \times 10^{10}$ kgf - cm². 彈簧 1、2、3 之彈簧係數分別為：$k_1 = 2,000$kgf/cm、$k_2 = 3,000$kgf/cm、$k_3 = 4,000$ kgf/cm。梁於跨度中央處承受一個向下的集中載重 $Q = 8,000$ kgf。試求：彈簧 1、2、3 所承受的力量。（25分）

提示訊息：簡支梁於跨度中央處之撓度 $\delta = \dfrac{PL^3}{48EI}$。

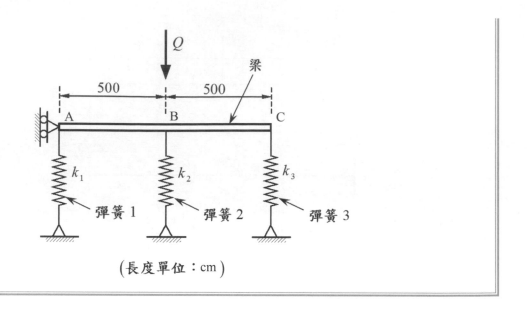

（長度單位：cm）

參考題解

（一）如圖（a）所示，取軸力 F_2 為贅餘力，可得

$$F_1 = F_3 = \frac{Q - F_2}{2}$$

樑之 M/EI 圖中之面積 A 為

$$A = \frac{F_1 l^2}{2EI} = \frac{(Q - F_2)l^2}{4EI}$$

（二）再如圖（b）所示，施單位力於彈簧 2 之支承

處，樑彎矩圖中之 y 值為

$$y = \frac{2}{3}\left(\frac{1}{2}\right) = \frac{1}{3}$$

依單位力法可有

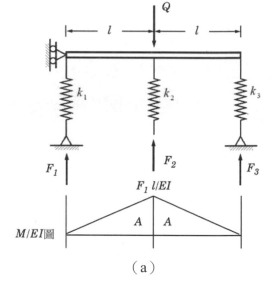

（a）

$$0 = -2\left[A\left(\frac{1}{3}\right)\right] + \frac{(-F_1)\left(\frac{1}{2}\right)}{k_1} + \frac{(-F_2)(-1)}{k_2} + \frac{(-F_3)\left(\frac{1}{2}\right)}{k_3}$$

由上式可解得

$$F_2 = 4708.57\, kgf\, (壓力)$$

另兩彈簧之內力為

$$F_1 = F_3 = 1645.72\, kgf\, (壓力)$$

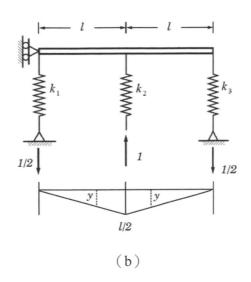

（b）

四、附圖所示，為一輛小汽車行駛在一座雙跨距的連續梁上。該汽車之輪軸重為 W_{AX} = 1.0 tf；前、後輪軸距離為 4.0 m。梁之撓曲剛度 EI 為一常數值。試求：該汽車對於 A 點所能夠產生的最大反力。（25 分）

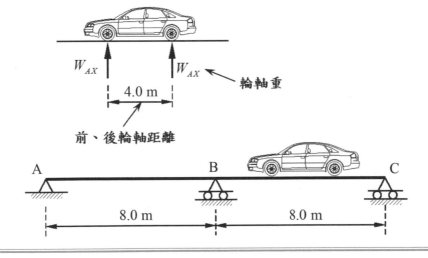

參考題解

（一）如圖（a）所示，當一單位力在 x 位置處時，由圖（b）所得之固端彎矩為

$$H_{BA} = -\frac{x\left(l^2 - x^2\right)}{2l^2}（負值表順鐘向）$$

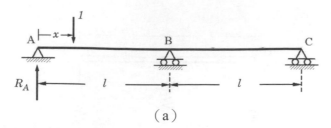

（a）

依傾角變位法可得

$$M_{BA} = \frac{EI}{l}\left[3\theta_B\right] + H_{BA} = \bar{\theta} + H_{BA}$$

$$M_{BC} = \frac{EI}{l}\left[3\theta_B\right] = \bar{\theta}$$

上列式中之 $\bar{\theta} = \dfrac{3EI}{l}\theta_B$。

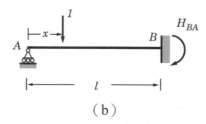

（b）

（二）考慮 B 點的隅矩平衡，可得

$$2\bar{\theta} + H_{BA} = 0$$

解出 $\bar{\theta} = -H_{BA}/2$。故有

$$M_{BA} = \frac{H_{BA}}{2} = -\frac{x\left(l^2 - x^2\right)}{4l^2}$$

A 點反力 R_A 為

$$R_A = \frac{M_{BA} + 1(l - x)}{l} = \frac{1}{l}\left[(1 - x) - \frac{x\left(l^2 - x^2\right)}{4l^2}\right] \qquad ①$$

（三）當車子前輪恰在 A 點，後輪在 AB 段中央點時，R_A 有最大值（⊙為何呢？）。由①式可得

　　當 $x = 0$ 時，R_A=1

　　當 $x = 4m$ 時，R_A=0.406

故 A 點反力最大值 $(R_A)_{max}$ 為

$$(R_A)_{max} = W_{Ax}(1) + W_{Ax}(0.406) = 1.406\ tf\,(\uparrow)$$

107 年公務人員特種考試司法人員考試試題／結構設計（包括鋼筋混凝土設計與鋼結構設計）

一、已知一鋼筋混凝土單筋矩形梁，試說明此梁之最小鋼筋比（ρ_{min}）及平衡鋼筋比（ρ_b）有何意義？並請分別列出二者相應的公式。（20 分）

參考題解

（一）最小鋼筋比{規範 3.6}：$\rho_{min} = \left[\dfrac{14}{f_y} , \dfrac{0.8\sqrt{f_c'}}{f_y} \right]_{max}$

最小鋼筋比考量因素：

以『強度設計法』設計出來的鋼筋量 A_s 太少，可能造成計算出來的 $M_n < M_{cr}$（意即斷面尚未開裂，鋼筋就已經降伏），這種斷面的力學行為相當於「無配置鋼筋的純混凝土斷面」，會有突發性的無預警破壞。

（二）平衡鋼筋比：$\rho_b = \dfrac{0.85 f_c' \beta_1}{f_y} \dfrac{6120}{6120 + f_y}$

極限狀態（$\varepsilon_c = 0.003$）時，若鋼筋應變 ε_s 恰為 ε_y，此時：

1. 『對應的鋼筋量 A_s』稱為『平衡鋼筋量 A_{sb}』
2. 『對應的鋼筋比 ρ』稱為『平衡鋼筋 ρ_b』
3. $\rho = \rho_b \ (A_s = A_{sb})$：$\varepsilon_s = \varepsilon_y$，拉力筋恰降伏

   $\rho < \rho_b \ (A_s < A_{sb})$：$\varepsilon_s > \varepsilon_y$，拉力筋必降伏

   $\rho > \rho_b \ (A_s > A_{sb})$：$\varepsilon_s < \varepsilon_y$，拉力筋不降伏

二、已知一淨高為 8 m 之無側移 RC 柱，斷面尺寸及柱筋配置如圖一所示，柱斷面有 8 根 11 號鋼筋，每根鋼筋面積 A_S 為 10.07 cm^2，$f_c' = 280$ kgf/cm^2、$f_y = 4,200$ kgf/cm^2。此柱設計軸壓力 P_u 為 350 tf，柱頂之設計彎矩 M_{u1} 為 25 tf-m、柱底之設計彎矩 M_{u2} 為 50 tf-m，最大設計軸向靜載重與設計軸力之比值 β_d 為 0.35，有效長度因數 k 為 1.0，迴轉半徑 r 為 0.3h，以上 h = 60 cm，為柱斷面尺寸。試判斷此 RC 柱為短柱還是細長柱？若為細長柱，請以彎矩放大法求設計此柱時應該採用之放大彎矩 M_C。（30 分）

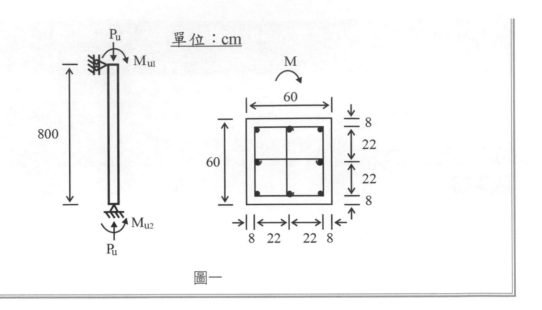

單位：cm

圖一

參考題解

（一）確認是否需考慮長細效應

1. 桿件細長比：$\dfrac{k\ell_u}{r} = \dfrac{1(800)}{0.3 \times 60} = 44.44$

2. 計算 $34 - 12\left(\dfrac{M_1}{M_2}\right)$

$M_1 = M_{u1} = 25\ tf - m$ ， $M_2 = M_{u2} = 50\ tf - m$ $\Rightarrow \dfrac{M_1}{M_2} = \dfrac{25}{50} = 0.5$

$\therefore 34 - 12\left(\dfrac{M_1}{M_2}\right) = 34 - 12(0.5) = 28$

3. $\dfrac{k\ell_u}{r} = 44.44 > 28 \Rightarrow$ 為細長柱，需考慮長細效應 $\Rightarrow$ 採變矩放大法設計

4. $M_{2,\min} = P_u(1.5 + 0.03h) = 350(1.5 + 0.03 \times 60) = 1155\ tf - cm = 11.55 tf - m$

   $M_2 = 50 > M_{2,\min} = 11.55\ (OK)$

（二）以彎矩放大法計算 M_c

1. $C_m = 0.6 + 0.4\left(\dfrac{M_1}{M_2}\right) = 0.6 + 0.4(0.5) = 0.8 \geq 0.4\ (OK)$

2. 挫曲載重：$P_c = \dfrac{\pi^2 EI}{(k\ell_u)^2}$

$\beta_d = 0.35$

$$EI = \frac{0.4 E_c I_g}{1 + \beta_d} = \frac{0.4 \left(15000\sqrt{280}\right)\left(\frac{1}{12} \times 60 \times 60^3\right)}{1 + 0.35} \approx 8.032 \times 10^{10} \; kgf - cm^2$$

$$P_c = \frac{\pi^2 EI}{\left(k\ell_u\right)^2} = \frac{\pi^2 \left(8.032 \times 10^{10}\right)}{\left(1 \times 800\right)^2} = 1238635 \; kgf \approx 1238.64 \; tf$$

3. $\delta_{ns} = \dfrac{C_m}{1 - \dfrac{P_u}{\phi_k P_c}} = \dfrac{0.8}{1 - \dfrac{350}{0.75(1238.64)}} \approx 1.284$

$$M_c = \delta_{ns} M_2 = 1.284(50) = 64.2 \; tf - m \quad ☞ M_c$$

（三）採用之放大彎矩 $M_c = 64.2 \; tf - m$

三、依據 ASD 鋼結構設計規範，有一長度為 l_{B1} 的鋼梁之梁曲線如圖二所示。圖二中顯示曲線（I）及曲線（II），試問此二曲線間之差異性？l_{B1} 對應至曲線（I）及曲線（II）之 F_b，分別為 A 點及 B 點，試問設計時為何要選 A、B 中較大值？（10 分）

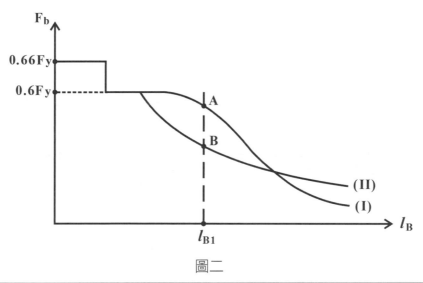

圖二

參考題解

（一）比較曲線（I）及曲線（II）

1. 曲線一：代表的是梁桿件的斷面翹曲（挫屈）強度。一般而言，以深梁或翼板較薄的梁斷面，斷面翹曲強度貢獻較多。

2. 曲線二：代表的是梁桿件的斷面扭轉強度。一般而言，以淺梁或者翼板較厚的斷面，

斷面扭轉強度貢獻較多。

（二）為什麼取 A、B 中較大值

早期電子計算機還不發達的年代，直接採用的 F_{cr} 原公式計算，很難執行。觀察 F_{cr} 的原

公式 $F_{cr} = \sqrt{\left[\dfrac{14E}{(L_b/r_y)^2}\right]^2 + \left[\dfrac{3E}{L_b d/r_y t_f}\right]^2}$ 可以發現，內含斷面翹曲應力以及斷面扭轉應力兩

項。透過畢氏定理，我們得知，「F_{cr} 恆大於斷面翹曲強度及斷面扭轉應力」。

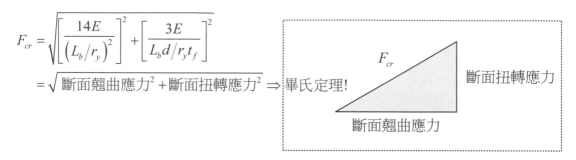

$$F_{cr} = \sqrt{\left[\dfrac{14E}{(L_b/r_y)^2}\right]^2 + \left[\dfrac{3E}{L_b d/r_y t_f}\right]^2}$$
$$= \sqrt{斷面翹曲應力^2 + 斷面扭轉應力^2} \Rightarrow 畢氏定理!$$

因此，容許應力設計法分別以斷面翹曲強度及斷面扭轉應力各自發展一套計算公式，兩者計算結果「取大值」，視其為斷面的容許撓曲應力，其計算結果是保守的。

四、已知一個具 7 根鋼柱之鋼架結構如圖三所示，頂層樓版下方配置 7 根 W12×106 之鋼柱，頂層樓版勁度相較柱高出甚多，故視為剛體。鋼柱(1)、(3)、(5)、(7)上下端均為鉸接，鋼柱(2)、(4)、(6)上端為剛接，下端為鉸接。本鋼架結構於分析時僅需考慮平面內（In-plane）的挫屈，不需要考慮平面外（Out-of-plane）的挫屈。假設各柱間距夠寬，不計剪力影響；且一階分析計算時，不用考慮 P 造成的彎矩。已知 P 及 H 為已經乘完載重因數之外力：P = 100 tf、H = 10 tf；L = 6 m，請以 LRFD 法分別求解下列問題：

（一）求鋼柱(4)之彎矩放大因子 B_2：(a)不考慮靠桿效應（K 取 2.0），(b)考慮靠桿效應。（16 分）

（二）檢核鋼柱(4)之安全性：(a)不考慮靠桿效應（K 取 2.0），(b)考慮靠桿效應。（24 分）

（附註：本題不需考慮局部挫屈）

鋼材料特性：F_y = 2.5 tf/cm², F_r = 0.7 tf/cm²，E = 2,040 tf/cm²，G = 810 tf/cm²

W12 × 106 之斷面尺寸：

A = 201 cm²，d = 32.7 cm，t_w = 1.55 cm，b_f = 31 cm，t_f = 2.51 cm

$I_x = 38,600 \text{ cm}^4$，$S_x = 2,360 \text{ cm}^3$，$r_x = 13.9 \text{ cm}$，$I_y = 12,500 \text{ cm}^4$，$S_y = 806 \text{ cm}^3$，$r_y = 7.89 \text{ cm}$

$Z_x = 2,670 \text{ cm}^3$，$Z_y = 1,220 \text{ cm}^3$，$X_1 = 327.317 \text{ tf/cm}^2$，$X_2 = 0.0577 \text{ cm}^4/\text{tf}^2$

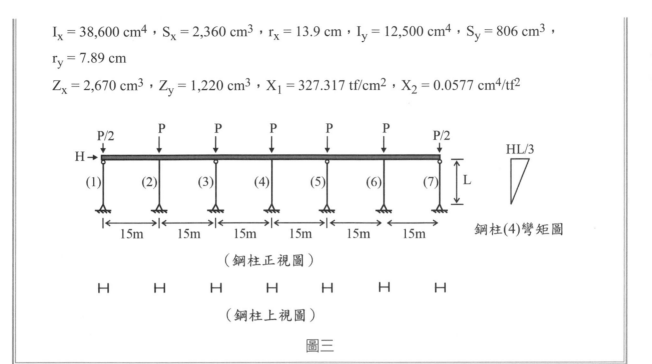

（鋼柱正視圖）

鋼柱(4)彎矩圖

（鋼柱上視圖）

圖三

參考題解

（一）結構分析

1. 鎖住：$M_{nt,x} = 0$

2. 開鎖：$M_{\ell t,x} = \dfrac{1}{3}HL = \dfrac{1}{3} \times 10 \times 6 = 20 \ tf - m$

（二）檢核桿件軸力穩定性，確認屬於大軸力或小軸力

1. 不考慮靠桿效應

   （1）檢核斷面肢材結實性，確認是否符合半結實斷面

   　　　題示不需考慮局部挫屈，故無需檢核肢材結實性。

   （2）計算細長比：題示僅需考慮平面內的挫屈，故挫屈僅需考慮強軸向（x 向）

   　　・強軸向（x 向）

   　　　$K_x = 2.0$，$L_x = 6 \ m = 600 \ cm$，$r_x = 13.9 \ cm$

   　　　$\dfrac{K_x L_x}{r_x} = \dfrac{2.0 \times 600}{13.9} = 86.33$

   （3）判斷壓力桿件挫屈型態

   　　①計算 λ_c

$$\lambda_c = \frac{KL}{\pi r}\sqrt{\frac{F_y}{E}} = \frac{86.33}{\pi}\sqrt{\frac{2.5}{2040}} = 0.962$$

②檢核 $\lambda_c \leq 1.5$，判斷挫屈型態

$$0.962 < 1.5 \Rightarrow 非彈性挫屈 \quad \therefore F_{cr} = e^{-0.419\lambda_c^2} \cdot F_y$$

（4）計算 $\phi_c P_n$

① $F_{cr} = e^{-0.419\lambda_c^2} \cdot F_y = e^{-0.419 \cdot 0.962^2} \times 2.5 = 1.7 \ tf/cm^2$

② $P_n = F_{cr} \cdot A = 1.7 \times 201 = 341.70 \ tf$

③ $\phi_c P_n = 0.85 \times 341.70 = 290.45 \ tf$

（5）檢核 $\dfrac{P_u}{\phi P_n} \geq 0.2$，確認梁柱桿件屬於大軸力或小軸力

① $P_u = 100 \ tf$

②計算 $\dfrac{P_u}{\phi_c P_n}$

$$\frac{P_u}{\phi_c P_n} = \frac{100}{290.45} = 0.344 > 0.2$$

$\therefore$ 屬於大軸力梁柱桿件，需求強度比採用公式：$\dfrac{P_u}{\phi P_n} + \dfrac{8}{9}\left[\dfrac{M_{ux}}{\phi_b M_{nx}} + \dfrac{M_{uy}}{\phi_b M_{ny}}\right] \leq 1.0$

2. 考慮靠桿效應

（1）檢核斷面肢材結實性，確認是否符合半結實斷面

題示不需考慮局部挫屈，故無需檢核肢材結實性

（2）計算細長比：題示僅需考慮平面內的挫屈，故挫屈僅需考慮強軸向（ x 向）

　・強軸向（ x 向）

　　K_x 需考慮靠桿效應

$$P_e = \frac{\pi^2 EI}{L^2}$$

$$P_i = P$$

$$\sum P = \frac{P}{2} \times 2 + P \times 5 = 6P$$

$$\sum P_{eK} = \sum \frac{\pi^2 EI}{(KL)^2} = \frac{\pi^2 EI}{(2.0L)^2} \times 3 = \frac{3\pi^2 EI}{4L^2}$$

$$\Rightarrow K'_x = \sqrt{\frac{P_e}{P_i} \cdot \frac{\sum P}{\sum P_{eK}}} = \sqrt{\frac{\frac{\pi^2 EI}{L^2}}{P} \times \frac{6P}{\frac{3\pi^2 EI}{4L^2}}} = 2.83$$

$$\therefore \frac{K'_x L_x}{r_x} = \frac{2.83 \times 600}{13.9} = 122.16$$

（3）判斷壓力桿件挫屈型態

①計算 λ_c

$$\lambda_c = \frac{KL}{\pi r}\sqrt{\frac{F_y}{E}} = \frac{122.16}{\pi}\sqrt{\frac{2.5}{2040}} = 1.361$$

②檢核 $\lambda_c \le 1.5$，判斷挫屈型態

$$1.361 < 1.5 \Rightarrow 非彈性挫屈 \therefore F_{cr} = e^{-0.419\lambda_c^2} \cdot F_y$$

（4）計算 $\phi_c P_n$

①$F_{cr} = e^{-0.419\lambda_c^2} \cdot F_y = e^{-0.419 \cdot 1.361^2} \times 2.5 = 1.15\ tf/cm^2$

②$P_n = F_{cr} \cdot A = 1.15 \times 201 = 231.15\ tf$

③$\phi_c P_n = 0.85 \times 231.15 = 196.48\ tf$

（5）檢核 $\frac{P_u}{\phi P_n} \ge 0.2$，確認梁柱桿件屬於大軸力或小軸力

①$P_u = 100\ tf$

②計算 $\frac{P_u}{\phi_c P_n}$

$$\frac{P_u}{\phi_c P_n} = \frac{100}{196.48} = 0.509 > 0.2$$

∴屬於大軸力梁柱桿件，需求強度比採用公式：$\frac{P_u}{\phi P_n} + \frac{8}{9}\left[\frac{M_{ux}}{\phi_b M_{nx}} + \frac{M_{uy}}{\phi_b M_{ny}}\right] \le 1.0$

（三）計算需求撓曲強度 M_u

題示只需針對強軸分析，故只需要分析強軸 M_{ux}

有側移構架：$M_{ux} = B_{1,x} \cancel{M_{nt,x}}^{0} + B_{2,x} M_{\ell t,x} = B_{2,x} M_{\ell t,x}$

1. 不考慮靠桿效應（$K_x = 2.0$）

 （1）$M_{\ell t,x} = 20 \ tf - m$

 （2）$B_{2,x} = \dfrac{1}{1 - \dfrac{\Sigma P_u}{\Sigma P_{e2,x}}} \geq 1.0$

　　　①$\Sigma P_u = 6P = 6 \times 100 = 600 \ tf$

　　　②$\Sigma P_{e2,x}$：使用不考慮靠桿效應的強軸細長比係數 $\lambda_{cx} = 0.962$

　　　　$\begin{aligned} \Sigma P_{e2,x} &= \Sigma \frac{A_g F_y}{\lambda_{cx}^2} = \frac{201 \times 2.5}{0.962^2} \times 3 \\ &= 1629 \ tf \end{aligned}$

　　　③$B_{2,x} = \dfrac{1}{1 - \dfrac{\Sigma P_u}{\Sigma P_{e2,x}}} = \dfrac{1}{1 - \dfrac{600}{1629}} = 1.583 > 1.0 \qquad ok!$

 （3）$M_{ux} = B_{2,x} M_{\ell t,x} = 1.583 \times 20 = 31.66 \ tf - m$

2. 考慮靠桿效應（$K_x = 2.83$）

 （1）$M_{\ell t,x} = 20 \ tf - m$

 （2）$B_{2,x} = \dfrac{1}{1 - \dfrac{\Sigma P_u}{\Sigma P_{e2,x}}} \geq 1.0$

　　　①$\Sigma P_u = 6P = 6 \times 100 = 600 \ tf$

　　　②$\Sigma P_{e2,x}$：使用考慮靠桿效應的強軸細長比係數 $\lambda_{cx} = 1.361$

　　　　$\begin{aligned} \Sigma P_{e2,x} &= \Sigma \frac{A_g F_y}{\lambda_{cx}^2} = \frac{201 \times 2.5}{1.361^2} \times 3 \\ &= 814 \ tf \end{aligned}$

　　　③$B_{2,x} = \dfrac{1}{1 - \dfrac{\Sigma P_u}{\Sigma P_{e2,x}}} = \dfrac{1}{1 - \dfrac{600}{814}} = 3.804 > 1.0 \quad （OK）$

（3）$M_{ux} = B_{2,x} M_{\ell t,x} = 3.804 \times 20 = 76.08 \; tf-m$

（四）計算 $\phi_b M_{nx}$

1. 題示不需考慮局部挫屈，故無需檢核肢材結實性。

2. 檢核結構側向支撐條件

 （1）計算 L_p

$$L_p = \frac{80 r_y}{\sqrt{F_{yf}}} = \frac{80 \times 7.89}{\sqrt{2.5}} = 399 \; cm$$

 （2）$L_r = \frac{r_y X_1}{F_L} \sqrt{1 + \sqrt{1 + X_2 F_L^2}}$

$X_1 = 327.317$

$X_2 = 0.0577$

$F_L = \left(F_{yf} - F_r, F_{yw} \right)_{min} = \left(2.5 - 0.7, \; 2.5 \right)_{min}$
$= 1.8 \; tf/cm^2$

$\Rightarrow L_r = \frac{7.89 \times 327.317}{1.8} \sqrt{1 + \sqrt{1 + 0.577 \times 1.8^2}} = 2074 \; cm$

 （3）比較 L_b 與 L_p 及 L_r 的關係，判斷梁桿件發生 LTB 的區間

$L_b = 600 \; cm$

$399 < 500 < 2074 \Rightarrow L_p < L_b < L_r$：非彈性 LTB

$\therefore M_n = C_b \left[M_p - \left(M_p - M_r \right) \frac{L_b - L_p}{L_r - L_p} \right]$

3. 計算標稱彎矩強度 M_{nx}

 （1）$M_{nx} = C_b \left[M_{px} - \left(M_{px} - M_{rx} \right) \frac{L_b - L_p}{L_r - L_p} \right]$

 ① $M_{px} = F_y Z_x = 2.5 \times \frac{2670}{100} = 66.75 \; tf-m$

 ② $M_{rx} = F_L S_x = 1.8 \times \frac{2360}{100} = 42.48 \; tf-m$

 ③ C_b：$M_1 = 0$，$M_2 = 20$

 單曲率：$\frac{M_1}{M_2} = -\frac{0}{20} = 0$

$$C_b = 1.75 + 1.05 \times 0 + 0.3 \times 0^2 = 1.75 < 2.3 \text{（OK）}$$

$$\Rightarrow C_b = 1.75$$

$$\Rightarrow M_{nx} = C_b \left[M_{px} - \left(M_{px} - M_{rx} \right) \frac{L_b - L_p}{L_r - L_p} \right]$$

$$= 1.75 \left[66.75 - \left(66.75 - 42.48 \right) \frac{600 - 399}{2074 - 399} \right]$$

$$= 111.72 \; tf - m$$

（2）$M_{nx} \leq M_p$

$$\Rightarrow 111.72 > 66.75 \text{（NG）}$$

$$\therefore M_{nx} = M_p = 66.75 \; tf - m$$

4. 計算設計彎矩強度 $\phi_b M_{nx}$

$$\phi_b M_{nx} = 0.9 \times 66.75 = 60.08 \; tf - m$$

（五）檢核梁柱桿件需求強度比

$$\frac{P_u}{\phi P_n} + \frac{8}{9} \left[\frac{M_{ux}}{\phi_b M_{nx}} + \frac{M_{uy}}{\phi_b M_{ny}}^{0} \right] \leq 1.0$$

1. 不考慮靠桿效應

$$\frac{P_u}{\phi P_n} + \frac{8}{9} \left[\frac{M_{ux}}{\phi_b M_{nx}} \right] = 0.344 + \frac{8}{9} \times \frac{31.66}{60.08} = 0.812 < 1.0 \text{（OK）}$$

2. 考慮靠桿效應

$$\frac{P_u}{\phi P_n} + \frac{8}{9} \left[\frac{M_{ux}}{\phi_b M_{nx}} \right] = 0.509 + \frac{8}{9} \times \frac{76.08}{60.08} = 1.635 > 1.0 \text{（NG）}$$

以下鋼結構設計及鋼筋混凝土設計公式僅提供參考，若有問題應自行修正：

$$M_n = C_b\left[M_p - (M_p - M_r)\left(\frac{L_b - L_p}{L_r - L_p}\right)\right] \le M_p \quad , \quad M_n = \frac{C_b S_x X_1 \sqrt{2}}{L_b / r_y}\sqrt{1 + \frac{X_1^2 X_2}{2(L_b / r_y)^2}} \le M_p$$

$$C_b = 1.75 + 1.05(M_A / M_B) + 0.3(M_A / M_B)^2 \le 2.3$$

$$L_p = \frac{80\, r_y}{\sqrt{F_y}} \quad , \quad L_r = \frac{r_y X_1}{(F_y - F_r)}\sqrt{1 + \sqrt{1 + X_2(F_y - F_r)^2}}$$

$$\lambda_c = \frac{KL}{r\pi}\sqrt{\frac{F_y}{E}} \quad ; \quad \text{For } \lambda_c \le 1.5 \quad , \quad F_{cr} = (0.658^{\lambda_c^2})F_y \quad ; \quad \text{For } \lambda_c > 1.5 \quad , \quad F_{cr} = \frac{0.877}{\lambda_c^2}F_y$$

$$P_{eK} = \frac{\pi^2 EI}{(KL)^2} = \frac{P_e}{(K)^2} \quad ; \quad B_2 = \frac{1}{1 - \sum P_u / \sum P_{eK}} \quad ; \quad B_1 = \frac{C_m}{1 - P_u / P_{eK}}$$

萊梅厥公式（LeMessurier formula）： $K' = \sqrt{\frac{P_e}{P_l} \times \frac{\sum P}{\sum P_{eK}}}$

$$M_{ocr} = (\frac{\pi}{L})\sqrt{EI_y GJ + (\frac{\pi}{L})^2 EI_y EC_w} \quad ; \quad C_W = \frac{I_f\, h^2}{2}$$

$$\delta_{ns} = \frac{C_m}{1 - \dfrac{P_u}{\phi_k P_c}}$$

$$EI = \left(\frac{0.2E_C I_g + E_S I_{Se}}{1 + \beta_d}\right)$$

$$\frac{Kl_u}{r} = 34 - 12\frac{M_1}{M_2}$$

$$C_m = 0.6 + 0.4\frac{M_1}{M_2} \ge 0.4$$

讀者回函卡

年　　　月　　　日

讀者姓名：

手機：　　　　　　　　　　　　市話：

地址：　　　　　　　　　　　　E-mail：

學歷：□高中　□專科　□大學　□研究所以上

職業：□學生 □工 □商 □服務業 □軍警公教 □營造業 □自由業　□其他_____

購買書名：

您從何種方式得知本書消息？

□九華網站　□粉絲頁　□報章雜誌　□親友推薦　□其他_____

您對本書的意見：

內　　容　□非常滿意　□滿意　□普通　□不滿意　□非常不滿意

版面編排　□非常滿意　□滿意　□普通　□不滿意　□非常不滿意

封面設計　□非常滿意　□滿意　□普通　□不滿意　□非常不滿意

印刷品質　□非常滿意　□滿意　□普通　□不滿意　□非常不滿意

□□□-□□

廣　告　回　信
台　北　郵　局　登　記　證
台北廣字第 04586 號

台北市私立九華短期職業補習班 土木建築科　收

台北市中正區南昌路一段 161 號 2 樓

1 0 0 - 7 8

107 土木國家考試試題詳解

編 著 者：九華土木建築補習班

發 行 者：九樺出版社

地　　　址：台北市南昌路一段 161 號 2 樓

網　　　址：http://www.johwa.com.tw

電　　　話：（02）2351－7261~4

傳　　　真：（02）2391－0926

定　　　價：新台幣　550　元

出版日期：中華民國一〇八年三月出版

官方客服：LINE ID：@johwa

總 經 銷：全華圖書股份有限公司

地　　　址：23671 新北市土城區忠義路 21 號

電　　　話：（02）2262-5666

傳　　　真：（02）6637-3695、6637-3696

郵政帳號：0100836-1 號

全華圖書：http://www.chwa.com.tw

全華網路書店：http://www.opentech.com.tw